KB142180

사진으로 읽는

제비꽃의
모든 것

사진으로 읽는

제비꽃의
모든 것

조명환 · 배양식 · 김영임 공저

마음
서재

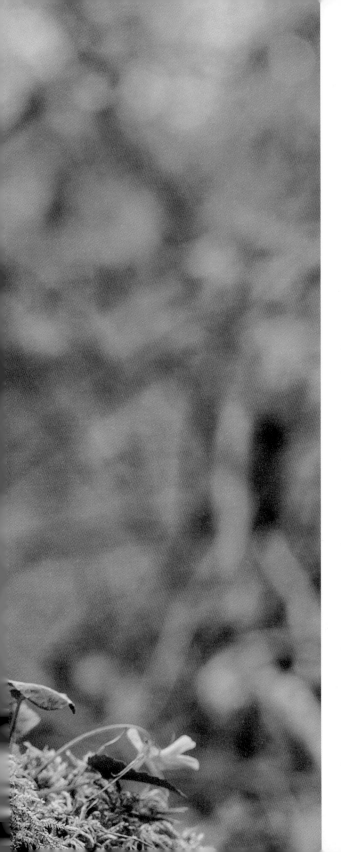

머리말

─────── 사람들이 봄을 느끼기도 전에 양지바른 어느 곳에서는 둥근털제비꽃과 왜제비꽃을 시작으로 제비꽃들이 피기 시작한다. 그러고는 금세 산과 들은 갖가지 제비꽃들로 뒤덮인다. 만약 꽃이 피는 소리를 들을 수 있다면, 4월쯤에는 팝콘 튀기듯 시끄러운 제비꽃 피는 소리에 귀를 막아야 할지도 모르겠다. 언 땅과 세차게 불던 겨울 찬바람을 기억한다면 여린 새싹에 피어나는 제비꽃은 어쩌면 기적이라 할 수 있을 것이다.

제비꽃이 좋아 제비꽃만 보러 다니던 우리들은 그동안 보고 느꼈던 것을 사진으로 모아 책으로 엮기로 했다. 제비꽃을 찾으면서 부족하고 아쉬웠던 점들을 떠올리며, 제비꽃 애호가들에게 조그마한 도움이라도 되었으면 하는 바람에서다. 그래서 책의 주 구성도 장황한 설명이나 학술적인 접근보다는 누구나 이해하기 쉽게 사진 자료를 주로 사용했다. 실체가 불분명하거나 추가 확인이 필요한 몇몇 종을 제외하면 산림청에서 관리하는 국가표준식물목록(이하 '표준 목록')상의 모든 종을 소개할 수 있어, 나름의 의미를 부여하고 싶다.

세상일은 돌탑을 쌓는 것과 같다. 누군가 땀흘려 큰 돌로 반석을 놓으면 이런저런 사람들은 그 위에 돌을 하나씩 더하며 탑을 완성해간다. 제비꽃도 그렇다. 멀리 1910년대 초 나카이 다케노신(中井猛之進) 박사가 이 땅의 제비꽃을 기록하기 시작한 때부터 제비꽃을 연구한 많은 원로 학자들의 땀이 있었다. 제비꽃도감 하나 없던 때에 고군분투하며 제비꽃을

널리 알린 이새별, 박승천 같은 분들이 있었고, 그 외 수많은 순수 애호가들의 노력으로 지금은 제대로 된 제비꽃 이름을 부를 수 있게 되었다. 이 책도 그 돌탑에 얹는 하나의 작은 돌이 되기를 희망한다. 위에 언급된 두 분 외에 제비꽃 탐사 시 열일 마다하지 않고 언제나 동행해주신 남덕기, 김차선, 정득흠 님에게 지면을 빌려 감사를 드린다.

새봄에 제비꽃이 핀다는 것은 우리에게 선물이고 축복이다. 제비꽃이 핀 산을 들뜬 마음으로 오르지만, 제비꽃을 뒤로하고 산을 내려올 때는 언제나 아쉬움이 남는다. 봄이 갈 때처럼.

2019년 1월

차례

Chapter 1

제비꽃을 만나다

Chapter 2

제비꽃에 반하다

Chapter 3

제비꽃에 홀리다

|부록|

책을 읽기 전에

───────── 위키백과에 따르면 제비꽃과(Violaceae family)에는 모두 25속(genera), 806종(species)의 제비꽃이 있다고 한다. 우리가 제비꽃이라고 부르는 제비꽃속(Viola genus)은 다년생 초본이지만, 제비꽃과의 대다수의 다른 종은 관목이나 작은 나무다. 표준 목록에 등록된 우리나라의 제비꽃은 원종 41종을 포함 총 58종이다. 하지만 아직 등록이 되지 않은 변·품종과 잡종까지 합하면 80종이 넘는 제비꽃이 국내에 자생하는 것으로 밝혀지고 있다. 제비꽃은 변이가 심해서 종간 경계나 구분이 어려운 경우가 많고, 교잡도 빈번해 제비꽃의 다양화는 지금도 진행 중이다.

이 책은 글로 된 설명보다는 사진을 가능한 많이 실어 제비꽃을 눈으로 쉽게 이해할 수 있도록 했다. 사진은 개별 이미지를 중심으로 싣되, 자라는 주변 환경도 이해할 수 있게 광각 사진과 군락 사진을 추가했다. 제비꽃을 구별하는 데 가장 중요한 부분 중 하나가 잎이다. 그래서 잎은 펼쳐진 앞뒤 모습과 크기를 알 수 있도록 가로 세로 1cm 눈금 종이에 놓고 찍었다.

잎의 모습 외에 꽃의 정면과 암술머리, 꽃뿔과 꽃받침부속체, 그리고 결실기의 열매와 씨앗 사진도 실었다. 마지막으로 여름에 변화가 큰 제비꽃은 여

름잎 사진을 더해, 제비꽃의 개화기에서 결실기까지의 전 과정을 이해할 수 있게 했다.

Chapter1은 표준 목록에 등록된 제비꽃을 가나다 순서대로 구성하되, 변종과 품종은 비교가 쉽게 원종에 이어 실었다.

Chapter2는 표준 목록에는 실려 있지 않으나 이미 알려진 제비꽃들로, 주로 잡종이나 최근에 발견된 외래종 등이다.

Chapter3은 아직 알려지지 않은 제비꽃으로, 추가 연구가 필요한 제비꽃들을 소개했다. 구분상 편의를 위해 대부분의 잡종 제비꽃 이름에 발견된 지명을 붙이는 선례를 따랐다.

본문에 사용된 학명은 'The Plant List(www.theplantlist.org)'를 기준으로 했다. 표준 목록에 이명(synonym)으로 적힌 학명은 되도록이면 정명을 따랐고, 인정된(accepted) 두 개 이상의 학명이 있을 경우 선취된 학명을 사용했다. 책을 쓰면서 국내외의 수많은 서적과 문헌, 각종 인터넷 사이트 등을 통해 비교와 확인 과정을 거쳤다. 하지만 그 표현이나 내용을 그대로 옮겨 적지는 않아 별도의 참고문헌은 표시하지 않고 필요 시 출처를 표시했다.

제비꽃의 부분별 명칭

꽃밥부속체   꽃밥

옆꽃잎 ──────

옆꽃잎의털 ──────

암술머리 ──────

아래꽃잎 ──────

꽃받침부속체 ──

꽃뿔 ──

꽃받침 ──

꽃자루 ──

포엽

줄기잎

탁엽

뿌리잎
줄기

잎자루

왜 하필 제비꽃입니까?

─────── "왜 그 많은 야생화 중에 하필 제비꽃입니까?"

제비꽃에 미쳐 사는 나를 보고 많은 사람들이 이렇게 묻는다. 그러면 나는 언제나 얼버무림으로 대답 같지도 않은 대답을 한다. 10년 동안 한결같이. 사실 그 이유에 대해 깊이 생각해본 적이 없기에 납득이 갈 만한 대답을 내놓을 수가 없었다. 사람들의 입장에서 보면 이상할 수도 있겠다.

백화만발. 봄이 되면 수없이 많은 꽃들이 피어나지 않는가. 봄꽃 중 예쁘기로는 얼레지만 한 게 없고, 사랑스럽기로는 노루귀만 한 꽃이 없다. 남쪽에서부터 새봄을 알려오는 변산바람꽃은 또 얼마나 여리고 고운가. 야산에서 깽깽이풀을 본 사람이라면 그 푸르스름한 반짝임에 넋이 나갈 것이다.

나도 10년 전에는 그랬으니까. 그러나 내 마음에 제비꽃이 들어오면서부터는 달라졌다. 흐드러지게 피어 있는 봄 야생화 군락지도 무심히 지나쳐 간다. 그 예쁜 꽃들에 눈길조차 주지 않고. 게다가 일행 중 누군가가 다른 야생화를 사진에라도 담으려 치면 핀잔을 준다. "그깟 꽃들이 무슨……." 타인의 시선에서 볼 때 분명 정상은 아니다.

"그런데 왜 제비꽃인가?"

이번엔 진지하게 내가 나에게 물어본다. 그 긴 시간 동안 한 야생화에만 모든 관심과 애정을 쏟았을 때에는 그만한 이유가 있을 것 아닌가. 하지만 그 이유를 내 안의 나도 모르겠다고 한다. 대답을 만들어보려고 해도 딱히 짚이는 것이 없다. 당황스럽다. 다른 사람들에게도 물어본다.

"당신들은 왜 노래를 부릅니까?", "당신은 왜 춤을 추고 있지요?", "왜 해외 프로축구 경기를 밤새워 보십니까?" 예상대로 모두들 그럴듯한 대답들은 하지 못한다. "그냥요.", "좋아서요." 가장 진솔한 대답일 텐데도 어쩐지 시시하다. 그래서 다시 한 번 '제비꽃에 꽂힌' 이유를 생각해본다.

우선 제비꽃은 그 종이 많고 종간 구분이 어렵다. 쉬우면 재미가 떨어지니까 아무래도 어려운 것에 도전해보고 싶은 마음이 있었을 것이다. 처음 제비꽃에 관심이 가기 시작했을 때 털제비꽃, 둥근털제비꽃, 잔털제비꽃, 흰털제비꽃 등 이름에 '털'이 들어간 제비꽃들이 궁금했다. '대체 털이면 털이지 무엇이 그리 다를까?' 그리고 각시제비꽃, 고깔제비꽃, 구름제비꽃, 낚시제비꽃, 누운제비꽃…… 예쁜 이름만큼이나 언뜻 그 생김새가 떠오르지 않는 제비꽃들의 모습이 무척이나 보고 싶었다. 궁금하면 참지를 못하니 틈만 나면 뛰쳐나갔다.

그러다가 동지들을 만났다. 그들과 함께하니 나만 이상한 사람이 아님을 알게 되어 용기도 생겼다. 뒷산에서 시작된 제비꽃 찾기 작업은 울릉도, 제주도, 백두산까지 이어졌고, 일본이나 호주까지 헤매고 다녔다. 말로만 듣던 녀석들을 하나씩 하나씩 만나게 되었다.

제비꽃은 자신을 부르는 우리의 발소리를 듣고는 살며시 제 몸을 드러냈다. 그들은 영민해서 자신들을 찾는 사람에게만 모습을 보인다. 봄 햇살의 세례를 받은 제비꽃은 눈부셨다. 조그마한 꽃대에 매달려 여리고 보드랍기 그지없는 보라와 노랑과 하양들을 터뜨린다. 그 작은 몸뚱이에 갖출 것은 다 갖추었다.

한 우주가 함축되어 있다. 그러나 곧 마음이 애잔해진다. 그 매서운 겨울을 어떻게 건너왔을까. 자신의 몸에 떨어져 안겨 있는 씨앗들이 얼어죽지 않도록 나름의 온기로 보듬어온 차가운 땅. 모조리 쓸어버리기로 악명 높지만 알고 보면 따스함도 갖고 있어 일부러 못 본 척해준 겨울바람. 갑자기 제비꽃을 품어준 자연에 대한 감사함이 밀려온다.

제비꽃은 평평한 양지뿐 아니라 아슬아슬한 바위 비탈에서, 습지에서, 검불들 사이에서, 파도가 닿을 만한 바닷가에서도 만난다. 책을 찢고 나온 것 같은 딱 그 모습으로. 그 어떤 기쁨이 이와 같을까. 그러나 그 봄, 행여 만남이 어긋나 마주하지 못한 게 있으면 그 아쉬움은 겨우내 지속된다. 그리고 긴 기다림은 시작된다. 이러니 바람이 나도 단단히 난 것이겠다.

기록은 있지만 제비꽃에 대한 자료가 많지 않다는 점도 큰 이유 가운데 하나다. 당시에는 국내에 제비꽃 도감이 없어 넓은잎제비꽃이 어떻게 생겼는지, 사향제비꽃에서 진짜 향기가 나는지 알 수가 없었다.

가장 믿을 만하고 정보가 많아야 할 관련 공공기관 사이트엔 사진이 부족하고 잘못된 정보들도 있어 늘 아쉬웠다. 인터넷에도 자료가 그리 많지는 않았지만, 탐사를 하지 않는 시간에는 주로 인터넷을 검색하거나 해외에서 구매한 책으로 제비꽃 관련 정보를 모아야만 했다. 그리고 이를 일일이 출력해서 하나뿐인 개인용 도감을 만들어 탐사에 썼다. 자료가 부족하니 내가 더 움직일 수밖에 없었던 것이다.

그러나 이상의 몇 가지 이유로 봄날의 그 화려한 꽃구경 다 팽개치고 제비꽃만 찾아다녔다고 하기엔 여전히 설명이 부족하다. 나는 어릴 적에 친구들과 제비꽃 열매를 따서 '쌀밥 보리밥' 놀이를 하며 놀던 기억이 있다. 제비꽃을 따서 씨름 놀이를 하기도 했다. 그리고 세월이 흘렀고, 언제부터인가 마음속에 빈자

리라고나 할까, 표현하기 힘든 그리움 같은 게 생겼다. 그것이 어머니에 대한 그리움인지, 잊혀가는 고향이나 추억들에 대한 그리움인지는 분명치 않다.

어쩌면 못다 이룬 것에 대한 아쉬움이나 초조함일 수도 있고, 더 근원적으로는 자연 회귀와 같은 이끌림인지도 모르겠다. '천하를 다 가져도 채워지지 않는 무엇이 있다'고 했는데 그 무엇이 이것인가 하는 생각도 들었다. 이러한 느낌이 어색하고 불편해서 "나이 탓인가?" 또는 "내가 허튼 욕망을 가지고 있는가?" 하고 스스로 저어하기도 했다.

언젠가 용기를 내어 여러 사람이 모인 자리에서 이 이야기를 꺼낸 적이 있다. 나이들이 비슷하고 살아온 여정이 닮아서 그런지 놀랍게도 많은 사람들이 내 말에 동감을 표했다. 안심이 되었다. 어떤 시인은 "제비꽃이 조 선생님의 베아트리체군요"라고 정리해주었다. 마음에 들었다. 제비꽃은 나에게 그리움과 동일한 단어였고 나의 베아트리체였다.

누구라도 어떤 이끌림에 자신을 맡긴 적이 있을 것이다. 그러면 그것에 관심을 갖게 되고 몰입하면서 행복을 느끼게 된다. 그걸로 됐다. 그를 통해 행복하다면 그 이끌림의 근원에 대해서는 묻어두어도 좋지 않겠는가. 산을 오르면서 산을 오르는 의미를 묻지 않고. 시원한 바람이 불면 왜 부는지 묻지 않듯이, 그것이 나의 자연스러운 모습이니까. 그런 게 또 자연의 일부일 수가 있으니까. 그냥 마음 가는 대로, 발길 닿는 대로 가는 것……, 그것이 제비꽃이다.

사랑하면 떠나세요

─────── 제주도 아홉 번, 울릉도 다섯 번, 백두산 일대 다섯 번, 일본 다섯 번. 그 밖의 국내 산과 들을 자동차로 돌아다닌 거리만도 수십 만km. 이 여정이 우리에게 제비꽃이 얼마나 소중한지 말해줄 수 있는지는 모르겠다. "네 장미꽃을 그렇게 소중하게 만든 건 네가 그 꽃을 위해 소비한 시간이란 다." 어린왕자가 여우에게 한 말이 생각 난다.

참 많은 감탄이 있었고 참 진한 감동이 있었다. 나무에 피는 제비꽃인 하이벤 서스(Hybanthus)를 찾아 호주 시드니의 왕립식물원과 주변 야생지대를 헤매던 기억은 언제나 새롭다. 4월과 5월의 집중적인 탐방을 위해 일상의 업무는 훨씬 더 바쁘게 진행해야 했다. 거의 두 달에 가까운 시간들을 제비꽃을 위해 빼놓아 야 하니 주변 사람들은 엄청난 일탈로 볼 것이다. 그러나 그 많은 탐사 중에서 도 유독 기억에 남는 것은 각시제비꽃을 탐사했을 때 이야기다.

처음에는 이름만 들었다. 각시제비꽃에 대해선 그때까지 사진도 없었고 제대로 소개된 자료도 없었다. 자그마한 흰색 제비꽃으로 제주도에 자생한 다는 정도의 정보만 있던 터였다. 무조건 제주도로 가야만 했다. 당시 동행 자는 한국 제일의 제비꽃 전문가들이었다. 든든했다. 항공사진으로 한라산

코스를 검토했다. 자생할 가능성이 높은 곳으로 영실과 돈내코 코스를 골랐다. 우리는 영실로 올라 돈내코로 내려오는 탐사 코스를 짜고 산을 올랐다. 그 넓은 산에서 조그마한 무언가를 찾는다는 것은 대단한 인내와 행운을 요하는 일이었다.

영실 코스 입구를 조금 지나니 낯익은 낚시제비꽃이 돌계단을 따라 여기저기 피어 있었다. 한라산에서는 귀한 뫼제비꽃도 피어 있었다. 예감이 좋았다. 그러나 코스의 정상 부분인 윗세오름에 도착할 때까지 노랑제비꽃과 남산제비꽃만 추가로 보일 뿐 각시는 보이지 않았다. 산행 후 일곱 시간이 훌쩍 지났다. 처음의 기대는 서서히 실망감으로 변하며 초조해지기 시작했다. 모두가 지쳐갈 때쯤, 누군가가 지나가듯 말을 뱉었다.

"이곳 분위기가 꼭 각시제비꽃이 있을 것 같지 않나요?" 오랫동안 제비꽃을 연구하다 보면 그들의 식생을 이해하게 되는데 그는 느낌만으로 자생지의 분위기까지 감지할 수 있었던 것이다. 아니나 다를까 얼마 후 등산로 옆 돌 틈으로 작고 흰 꽃 하나가 반짝이는 것이 보였다.

아, 지금까지 한 번도 본 적 없는 흰색 제비꽃! 아무리 들뜬 호흡을 진정하려 해도 그리 되지 않았다. 수백 번도 더 머리에 그려봤던 각시제비꽃이라는 느낌이 강하게 밀려왔다. 얼마나 반가웠는지 무릎이 돌에 세게 부딪혔는데도 아픔을 못 느낄 정도였다. 셋은 고개를 들이밀고 아주 세밀한 확인 작업을 했고 각 부분의 특징들을 몇 번이나 자세히 살폈다. 맞았다. 그토록 보고 싶어 하던 각시제비꽃이 맞았던 것이다.

우리는 환호성을 지르며 서로를 축하했다. 그러곤 누가 먼저랄 것도 없이 주변 숲속에 들어가 다른 개체들을 찾기 시작했다. 제법 많은 개체들이 피어 있었다. 기울어가는 햇살 속에서 자신들을 찾아줘서 고맙다며 각시제비꽃은 수줍은 미소를 짓고 있었다. 그렇게 각시제비꽃은 나에게 왔다.

한라산은 따뜻한 기후와 큰 고도차, 그리고 풍부한 강수량으로 한반도에서는 야생화, 특히 제비꽃의 천국이라 할 만한 곳이다. 사향제비꽃을 처음 발견했을 때의 벅찬 감동도 한라산이었기에 가능했다. 그 뒤에도 제주도는 성긴털제비꽃과 흰애기낚시제비꽃을 우리에게 안겨주었고, 털이 없이 매끈한 잔털제비꽃 같은 희귀한 제비꽃도 만나게 해주었다. 제주도 지인에게 몇 번이나 강조했다. 제주도가 있다는 것이 얼마나 큰 축복인지를.

보고 싶은 제비꽃을 본다고 해서 꼭 기쁜 일만 기억에 남는 게 아니다. 국외로 탐사를 갈 때는 나름대로 준비를 철저히 한다. 그 먼 곳까지 갔다가 허탕을 치고 온다면 언제 또 갈 수 있을지 알 수가 없기 때문이다.

그러다 보니 찾던 제비꽃을 만나게 되면 그 기쁨도 배가 넘는다. 그런데 간도제비꽃과의 만남은 기쁘기만 한 것은 아니었다. 한때 우리 땅이기도 했고 독립운동의 주 근거지였던 간도라는 이름 때문에 더 호기심이 생겼던 간도제비꽃. 백두산보다도 훨씬 동북쪽에 있는 용정은 우리 동포들의 애환이 서린 도시로 우리는 그곳으로 간도제비꽃을 찾으러 갔다. 준비를 한다고는 했지만, 원래 개체수가 적은 데다 익숙하지 않은 지형이라 쉽게 그 모습을 찾을 수가 없었다.

온종일 산 하나를 샅샅이 뒤진 후라 일행들은 지칠 대로 지쳐 있었다. 힘들었지만 우리는 서로를 다독여 멀리 보이는 또 다른 산을 살펴보기로 했다. 용정 일대도 불어닥치는 개발 열풍을 피하지 못했다. 산 입구부터 콘크리트 길이 깔리고, 길을 따라 방부목으로 산책로를 만들고 있었다. 다른 쪽은 또 트랙터로 땅을 갈고 흙을 잘게 부수어 잔디를 심는 중이었다. 제비꽃이 살 수 있는 자생지가 좁아지거나 사라지는 것이다. 좁은 길을 따라 한참을 걷다 보니 멀리 아직 트랙터가 닿지 않은 부분에 보랏빛 덩이 몇 개가 어른거렸다. 직감적으로 달렸

다. 하루 종일 찾아 헤매던 간도제비
꽃이 거기에 피어 있었다. 모두가 소
리를 지르며 환호성을 질렀다. 늦은
오후라 특징을 확인하고 사진을 찍는
등의 작업을 서둘렀다.

그런 뒤 아쉬운 마음으로 그곳을 막
떠나려는데 기다렸다는 듯이 트랙터
가 그곳을 향했다. 눈 깜짝할 사이에
꽃은 뭉개지고 땅은 뒤집혔다. 방금까
지 눈맞춤을 하던 귀한 제비꽃들이 사
라져버린 것이다. 간발의 차이로 그리
던 제비꽃을 만날 수는 있었지만, 트
랙터에 뿌리까지 갈려버리는 모습을
보고 망연자실했다. 잃어버린 땅에서 간신히 찾은 우리 간도제비꽃마저 다시
잃어버린 느낌이란……!

우리는 좋아서, 또 보고 싶어서 제비꽃을 찾아다니지만 사실 제비꽃으로선
찾아오는 사람들이 없는 게 가장 좋은 일일 것이다. 그걸 알기에 누가 자생지
를 물으면 가르쳐주지 않으려 애쓴다. 그러나 그것이 혼자만 독차지하려는 욕
심으로 보이지 않을까 고민이 되기도 한다. 내가 아는 야생화 애호가들은 자
생지 보호를 위해 누구보다 앞장서지만, 이 때문에 소원해지는 사람도 생긴
다. 사랑스러운 그 모습에 언제나 달려가 마주하고픈 제비꽃, 그렇지만 사랑
하니까 떠나야 하고 다시 찾지 말아야 하는 것이다.

제비꽃의 학명과 이름에 대하여

──────── 최근 들어 야생화를 좋아하고 연구하는 애호가들이 많이 늘었다. 봄이 되면 유명한 야생화 산지는 카메라를 멘 사람들로 붐빈다. 모두들 나름대로의 방식으로 그 들꽃들의 매력에 빠져 있는 듯하다. 좋아하는 꽃의 이름(국명)을 부르며 즐거워하는 모습이 참 아름답다. 꽃을 사랑하는 사람치고 악한 사람이 있던가? 나는 사람들이 이름과 함께 학명도 함께 불러주면 좋겠다고 생각한다. 각 나라마다, 지방마다, 꽃을 부르는 이름이 달라도 학명은 언제나 같다. 그래서 자료를 수집할 때는 국명보다 학명이 더 유리하다. 또 학명의 의미를 파악해보면 꽃에 대한 이해도 깊어진다.

학명(scientific name)은 생물학에서 생물의 종에 붙인 분류학적인 이름으로, 표기는 속명(generic names)과 종소명(specific epithets)으로 구성된 이명법(binomial nomenclature)을 사용한다. 학명 뒤에 이름 붙인 사람과 이름 붙인 연도를 쓰는 경우도 있다.

학명은 기본적으로 라틴어로 구성되며, 보통 *Viola collina*처럼 기울여 표기한다. 손으로 쓸 때는 <u>Viola collina</u>와 같이 밑줄을 긋는다. 속명의 첫 글자는 반드시 대문자로 표시하며, 종명은 소문자로 표시한다. 명명자는 밑줄을 긋거나 기울여 표기하지 않으며, 잡종은 종명 사이에 X를 넣어 표기한다.

종의 하위 계급으로는 아종(ssp/subspecies), 변종(var/variety), 품종(f/forma)이 있다. 아종은 동일한 종 중에서 주로 지역적으로 일정한 차이를 가지는 집단에 사용된다. 변종은 기본적인 특징에서는 동일종임이 인정되지만 모종과 형태의 일부분이나 생리적 성질이 다를 때 사용한다. 품종은 보통 기본종과 한두 가지 형질이 다를 때 사용된다. 예를 들어 꽃색이 다르거나, 줄기에 난 털의 유무, 잎의 무늬 등이 다를 때 별도의 품종으로 분류하는 경우다.

제비꽃을 학명으로 찾다 보면 표기가 잘못되어 혼란을 겪는 경우가 많다. 경성제비꽃은 오랫동안 실체가 불분명해 과연 존재하는 제비꽃일까 하는 의문을 가진 적이 있다. 표준 목록에 경성제비꽃의 학명을 *V. yamatsutai*로 적고 있는데 이는 *V. mongolica*의 이명이다. 중국에서는 몽고근채(蒙古菫菜)라 부르며, 백두산과 가까운 둥베이3성과 허베이성, 네이멍구까지 광범위하게 자라고 있는 제비꽃이다. 정명이 있음에도 그동안 이명으로 자료를 수집하였으니, 한계에 부딪힐 수밖에 없었던 것이다. 중국의 몽고근채를 연구하면 우리나라 경성제비꽃의 실체를 확인할 수 있게 될 것이다.

표준 목록의 학명에 이명이 적용된 사례는 한둘이 아니지만, 특히 곤란한 경우가 서울제비꽃이다. 국명에 '서울'이 들어가고 학명도 *V. seoulensis*라고 표기되어, 우리 것이라는 친근감이 드는 이름이다. 하지만 동일종에 먼저(1835년) 발표된 *V. prionantha*라는 학명이 있으니, 선취권을 존중해서 나중에(1918년) 나카이 박사가 발표한 *V. seoulensis*는 사용을 자제해야 한다. 중국에서도 서울제비꽃을 조개근채(早開菫菜)라 부르며 학명을 *V. prionantha*로 쓰고 있다. 서울제비꽃은 표준 목록에서 경기도의 특산 식물로 밝히고 있지만, 중국 길림성 지역에서 서울제비꽃이 자생하고 있음을 직접 확인했고, 기타 중국 전역에서 자생하고 있다고 알려져 있다. 서울제비꽃은 일본에서도 *V. prionantha*라는 학명을 쓰고 있는데 일본에서는 자생하지는 않고 원예용으로 재배되고 있다.

학명을 접하다 보면 새로운 사실을 알 수도 있다. 단풍제비꽃의 경우 기존에 태백제비꽃과 남산제비꽃의 잡종으로 알려져 있었다. 잡종은 종간에 × 표시해 나타내지만 단풍제비꽃의 학명은 *V. albida* var. *takahashii*다. *V. albida*가 태백제비꽃의 학명이니 단풍제비꽃은 태백제비꽃의 변종이라는 의미가 된다. 단풍제비꽃의 잡종 여부에 대해서는 아직도 여러가지 견해가 있지만 학명으로 본다면 그렇다는 얘기다.

이름을 갖다 붙이기 좋아하는 것은 어떻게 보면 사람들의 욕심과도 관계가 있는지 모르지만 신중해야 한다. 국명이라면 학명도 있고 달리 불러도 내부에서 고치면 되겠지만 학명이라면 다르다. 몇 해 전 모 기관에서 강원도 석회암지대에 자라는 흰색의 알록제비꽃을 영월제비꽃이라 칭하며 학명을 *V. sieboldii*라고 적었다. 하지만 알록제비꽃의 변종이나 품종이라면 원종인 *V. variegata*의 학명을 이어 쓰는 게 맞을 것이다. 더구나 *V. sieboldii*는 꽃뿔의 모양이나 잎의 무늬에서 알록제비꽃과 큰 차이를 보이므로 사실 관계도 떨어진다.

학명은 정확히 적용해야 하겠지만, 국명을 짓는 것도 신중해야 한다. 보통 털이 없는 개체를 '민'자를 붙여 민졸방제비꽃처럼 부른다. 하지만 이름에 '털'이 들어가면 사정이 달라진다. 털제비꽃의 무모형을 민털제비꽃이라 부르면 마치 더벅머리대머리처럼 이상한 이름이 되니, '털'이란 말이 없는 민둥제비꽃이란 이름을 붙였다. 그러면 잔털제비꽃의 무모형은 어떻게 부르며, 둥근털제비꽃과 흰털제비꽃의 무모형은 또 어떻게 부를 것인가? 난감한 생각이 든다.

　식물은 꽃의 색이나 잎의 모양과 크기 또는 자생지 등 그 식물을 특정 지을 수 있는 이름을 붙인다. 하지만 근래에 신칭된 제비꽃의 이름들에 대해 이런저런 말들이 많다. 제비꽃의 예쁜 모습에 비해 이름이 제대로 표현을 하지 못하는 모양이다. 오랑캐꽃에서 예쁜 이름으로 개명한 제비꽃, 두고 두고 부를 수 있는 제대로 된 이름을 붙여주었으면 좋겠다.

제비꽃

조그만 꽃 뭉치에 산이 기대고 있다.
꽃대 끝 매달린 보라 선명한 삼월 하순
말끔히 차려 입은 제비도 이제 막 돌아왔다.
잎자루 작은 날개 하늘로 오를 동안
산은 무릎을 접고 허리를 구부렸다
떠났던 그 계집애가 다시 온 듯 좋았다.

_강현덕

Chapter 1
제비꽃을
만나다

각시제비꽃

Viola boissieuana Makino

    종소명 boissieuana는 중국 일본 등지에서 식물 채집과 분류 작업을 한 스위스의 식물학자 앙리 드 브아시유(Henri de Boissieu)를 지칭한다. 각시 제비꽃은 어두운 숲속에서 하얗고 조그마한 모양으로 피는데, 그 단아한 모습이 수줍은 미소를 띠고 있는 각시의 이미지를 떠올리게 한다.

    꽃은 5월에 피며, 우리나라에서는 제주도에서만 볼 수 있다. 한라산 중 산간지대의 울창한 숲속 반음지에서 자란다.

◀ 각시제비꽃의 암술머리는 맑은 흰색이고 꽃뿔은 짧은 편이다. 열매에는 자색 무늬가 있고 씨앗은 짙은 갈색이다.

▲ 각시제비꽃을 일본에서는 '작고 귀여운 제비꽃'이란 뜻의 히메미야마스미레(ヒメミヤマスミレ)라고 부르며, *V. sieboldi* ssp.*boissieuana*이라는 학명을 사용하기도 한다.

갑산제비꽃
Viola kapsanensis Nakai

갑산제비꽃은 개마고원 일대의 갑산 지역에서 발견되어 붙인 이름이다.

꽃은 4월에 피며, 산의 절개지나 자갈이 많은 척박한 곳에서도 잘 자란다. 국내에서는 강원도를 비롯한 중부 지역 일대에서 볼 수 있다.

유사한 제비꽃으로 중국 허베이성과 만주 일대에 자생하는 북경근채(北京菫菜, *V. pekinensis*)와의 차이에 대한 비교 연구가 필요하다.

◀ 갑산제비꽃의 암술머리는 둥근 편이며 끝이 발달한 긴 부리 형태이다. 열매 표면에 자색 무늬가 있고 씨앗은 검은색이다.

▲ 꽃이 지고 난 후 잎이 로제트형으로 변하는 것은 갑산제비꽃의 주요 특징 중 하나다.

고깔제비꽃

Viola rossii Hemsl.

    종소명 rossii는 독일의 식물학자인 헤르만 로스(Herman Ross)를 지칭한다. 우리 이름은 꽃이 필 때 잎의 모양이 고깔처럼 말려 있는 모습에서 붙였다.

    꽃은 4~5월에 피며, 산의 양지바른 경사면이나 등산로를 따라 핀다.

◀ 고깔제비꽃의 옆꽃잎에는 털이
있으나 없는 개체도 있다. 열매 표
면에 전체적으로 갈색 반점이 있고
씨앗은 검은색이다. 잎은 개화기 때
까지 밑부분이 말려있다가, 꽃이 지
고 나면 활짝 펴진다.

▲ 고깔제비꽃(좌)과 금강제비꽃(우)의 펼쳐진 여름잎은 언뜻 보면 구분이 어려운데, 고깔제비꽃에 비해 금강제비꽃은 잎 끝이 급격히 뾰족해지는 모양으로 구분할 수 있다.

▲ 고깔제비꽃 중에 흰색 꽃은 별도의 품종(f. *lactiflora*)으로 분류하기도 한다.

구름제비꽃

Viola crassa Makino

　종소명 crassa는 '두껍고 살이 통통하다'는 의미이다. 구름제비꽃의 잎은 확실히 다른 제비꽃에 비해 두꺼운 느낌이 든다. 높은 화산지대라는 환경에 적응하기 위해 잎이 다육질로 변화한 것이다. 구름제비꽃이란 이름은 구름이 머무는 높은 산에서 자란다는 의미에서 따왔다.

　꽃은 6~7월에 피며, 생육지 특성상 흔하지 않은 꽃으로 물빠짐이 좋은 자갈밭에서 자생한다.

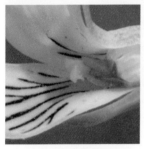

◀ 암술머리에는 돌기모가 나 있다. 장백제비꽃과 유사하지만, 구름제비꽃의 잎은 두껍고 광택이 나며 잎맥이 깊게 파여 있다. 또 장백제비꽃은 아래 꽃잎이 길고 끝이 뾰족한 모양이지만, 구름제비꽃은 꽃잎의 길이가 비슷하고 가지런하다.

▲ 다른 고산식물과 같이 줄기가 길지 않고, 여러 갈래로 발달한 굵은 뿌리를 자갈밭 깊숙이 뻗어 수분을 섭취하고 바람에 견딘다.

제비꽃이란 이름

제비꽃은 생김새가 날렵한 제비를 닮아 그 이름이 불리게 되었다는 설과, 제비가 날아드는 봄에 피기 때문에 불리게 되었다는 설이 있다. 제비꽃은 오랫동안 오랑캐꽃이란 이름으로 불렸는데, 제비꽃의 꽃뿔 모양이 오랑캐의 머리 모양을 닮아 그 이름이 지어졌다.

씨름꽃은 꽃 두 개를 서로 걸어 씨름하듯 내기를 하던 데서 나온 이름이다. 키가 작은 모양에서 앉은뱅이꽃이라는 이름도 생겼다. 또 병아리들처럼 햇볕이 잘 드는 곳에 옹기종기 모여 핀다고 해서 병아리꽃이라고도 했고, 아이들이 꽃을 이어 반지를 만들며 놀아서 반지꽃이라 부르기도 했다. 건강하게 오래도록 살기를 염원하며 장수꽃이라 부르기도 하고, 꽃뿔의 모양이 등을 긁는 여의(如意)라는 물건과 닮아 여의초라고도 불렀다.

바라보는 사람들의 마음 생김새대로 불리는 제비꽃, 그 다양한 이름만큼이나 우리와 친숙한 꽃이다.

장수를 기원하는 제비꽃 : 김홍도의 〈황묘농접(간송미술관)〉

금강제비꽃

Viola diamantiaca Nakai

　우리나라 금강산에서 발견되었다고 해서 금강석(diamond)을 딴 diamantiaca란 종소명을 붙였다. 한국의 특산 식물 중 diamantiaca가 붙은 학명은 대부분 금강이란 우리 이름을 쓰고 있다.

　꽃은 4~5월에 피며, 해발 900m 이상의 고지대 숲속에서 주로 자란다. 한국 특산종이라 기록되어 있지만, 중국명으로 '큰잎제비꽃'이란 뜻의 대엽근채(大葉菫菜)라 불리며 만주 일대에도 분포한다.

▲ 암술머리는 둥근 형태로 끝이 점차 가늘게 뾰족해진다. 꽃뿔은 통통하고 짧은 모양이다. 열매 표면에 자색 반점이 있으며 씨앗은 연한 갈색 또는 암갈색이다.

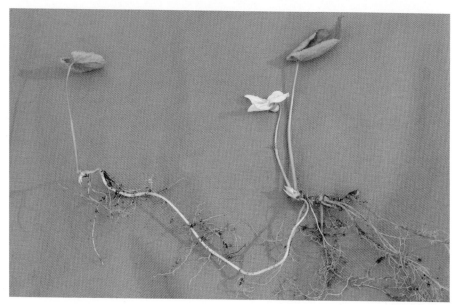

▲ 개방화의 결실률은 낮지만 뿌리에서 부정아(adventitious bud)를 내어 개체를 늘리거나 폐쇄화로 씨앗을 퍼뜨린다.

긴잎제비꽃

Viola ovato-oblonga Makino

종소명 ovato는 '잎이 넓은 계란형'이란 뜻이고, oblonga는 '끝이 몽톡한 타원형'이란 뜻이다. 잎의 모양을 보고 학명을 붙인 것 같다. 우리 이름은 잎의 모양이 길다고 해서 붙었는데, 꽃이 지고 나면 줄기잎은 더 길쭉한 모양이 된다.

꽃은 4월에 피며, 제주도와 남부 지방의 해안 지역에서 주로 자란다.

▲ 낚시제비꽃과 닮았으나 꽃색이
진해서 꽃 안쪽의 흰색과 대비가 뚜
렷하다. 암술머리는 부리처럼 아래
로 굽어있다. 꽃받침은 뾰족하게 길
며 꽃받침부속체는 밋밋하다. 열매
는 긴 타원형으로 씨앗은 갈색이다.

▲ 잎맥에 색이 없는 개체다. 긴잎제비꽃의 잎맥을 따라 자주색을 띠는 개체가 일반적이지만 오히려 이를 품종(f. variegata)으로 분류하기도 한다.

털긴잎제비꽃

Viola ovato-oblonga f. *pubescens* F.Maek.

품종명 pubescens는 '연한 털로 덮여 있다'는 뜻이다. 긴잎제비꽃 중에 꽃자루와 잎에 털이 있는 개체이다.

꽃은 4월에 피며, 제주도의 특정 지역에서만 자란다.

▲ 긴잎제비꽃 중에 꽃자루와 잎에 털이 있는 개체이다. 털이 있는 점 외에는 긴잎제비꽃과 차이가 없다.

낚시제비꽃

Viola grypoceras A.Gray

　종소명 grypo는 그리스신화에 등장하는 '독수리 머리와 사자 몸뚱이에 날개를 단 괴물'을 말하고 ceras는 '뿔'을 뜻한다. 낚시제비꽃이란 이름은 낚싯바늘처럼 구부러져 있는 포엽의 모양을 보고 지은 것으로 추측한다. 낚시 모양이 뿔을 연상시켰을 것이다.

　꽃은 4월에 핀다. 제주도와 남부 지방의 바다와 가까운 돌 틈, 계단, 경사지 등에서 많은 개체들이 자라고 있다. 비교적 쉽게 만날 수 있는 제비꽃 중의 하나다.

◀ 꽃잎은 연한 자색이고 옆꽃잎에
는 털이 없으나 드물게 털이 있는
개체도 있다. 암술머리는 부리처럼
아래로 굽는다. 포엽은 낚싯바늘처
럼 갈고리 형태로 휘어진다. 씨앗은
갈색이다.

▲ 일본에서는 흰색 꽃이 피는 낚시제비꽃 중에 꽃뿔에 옅은 자색이 남아 있는 것과 꽃뿔까지 완전히 흰 것을 구분하여 각각 별도의 품종(f. *purpurellocalcarata*/ f. *albiflora*)으로 세분한다.

▲ 잎맥에 자색 줄이 있는 것도 별도의 품종(f. *variegata*)으로 분류하기도 한다.

애기낚시제비꽃

Viola grypoceras var. *exilis* (Miq.) Nakai

　변종명 exilis는 라틴어로 '작거나 짧은 것'을 뜻한다. 낚시제비꽃 중 꽃
이 유난히 작고 줄기가 옆으로 눕듯이 자라는 개체들이다. 애기란 이름도
크기가 작은 모양에서 따온 것이다.

　꽃은 4월에 피며, 자라는 곳은 낚시제비꽃과 큰 차이가 없다. 낚시제비
꽃과 애기낚시제비꽃의 중간 크기 꽃이 섞여서 피어 있는 경우가 많아 둘
을 명확히 구분하기가 어려운 때도 있다.

◀ 애기낚시는 꽃뿔은 가느다란 원
통형이고 암술머리는 부리처럼 아
래로 굽었다. 씨앗은 갈색이다.

털낚시제비꽃

Viola grypoceras var. *pubescens* Nakai

낚시제비꽃의 꽃자루와 잎 등에 털이 난 것으로, 변종으로 분류하고 있다.

꽃은 4월에 피며, 전체에 털이 있는 것 외에는 생육 환경이나 모양은 낚시제비꽃과 동일하다.

▲ 전체적인 모양은 낚시제비꽃과 같지만 꽃자루와 잎자루, 잎 뒷면에 털이 있는 점이 다르다. 비슷한 사향제비꽃엔 짧은 털이 빽빽하게 나 있지만 털낚시제비꽃엔 긴 털이 성기게 나 있다.

흰애기낚시제비꽃

Viola grypoceras var. *exilis* f. *albiflora* Nakai

애기낚시제비꽃 중 꽃이 희게 피는 개체를 말한다.

꽃이 희다는 것 외에는 생육환경이나 모양은 애기낚시제비꽃과 동일하다.

◀ 애기낚시제비꽃과 흰애기낚시제비꽃은 서로 어울려 자라기도 하고 꽃색도 뚜렷이 구별되지 않는다. 꽃잎은 좌우, 상하 대칭형으로 낚시제비꽃에 비해 둥근 모양이다.

흰색을 띠는 제비꽃

백색증은 흔히 동물들의 피부나 모발에 색소가 없어 흰색을 띠는 경우를 말하는데, 알비노 현상(albinism)이라고도 한다. 식물의 경우엔 대부분 꽃에서 흰색을 띠며 간혹 잎에서도 동일한 현상이 생긴다. 하지만 이 경우엔 엽록소가 없어 양분을 만들지 못하기 때문에 주변에서 양분을 공급받지 못하면 생존할 수가 없다.

꽃이나 잎의 색이 변하는 것은 세포 속의 화청소(anthocyan)라는 색소 때문인 것으로 알려져 있다. 붉은색 꽃과 푸른색 꽃엔 안토시아닌(anthocyanin)이란 색소가 작용하고, 노란색 꽃과 주황색 꽃에는 카로티노이드(carotenoid)가 작용을 한다. 흰색 꽃은 색소가 없어 세포 속에 들어 있던 공기가 빛을 받아 흰색으로 보이는 것이다. 화청소는 산 함유량이나 온도의 변화에 따라 구조가 바뀌면서 색도 달라진다. 고산식물의 꽃색이 더 진하고 아름다운 것도 안토시아닌 같은 색소를 더 많이 받기 때문이다. 이는 짧은 기간 동안 곤충을 유혹해 꽃가루받이를 하거나 고지대의 자외선으로부터 세포의 손상을 방지하려는 목적 때문이다.

제비꽃 중에 꽃이 유색인데도 흰색 꽃이 피는 경우에 보통 원종과 구분하여 별도의 품종으로 분류한다. 흰뫼제비꽃, 흰애기낚시제비꽃 등이 그것이다. 하지만 흰털제비꽃(*V. hirtipes*)은 털제비꽃 중에 흰색 꽃이 피는 품종(*V. phalacrocarpa* f. *chionantha*)과 다르며, 흰제비꽃도 제비꽃 중에 흰색 꽃이 피는 품종(*V. mandshurica f. albiflora*)과는 다르다. 이렇게 우리 이름(국명)이 혼동을 줄 경우에는 학명으로 구분하면 명료해진다.

원종이 흰색 꽃이라고 해서 알비노 현상이 나타나지 않는 것은 아니다. 태백제비꽃은 보통 흰색 꽃에 꽃받침과 꽃줄기는 갈색을 띠지만, 아래 사진처럼 전체가 연한 녹색을 보이는 개체도 있다.

남산제비꽃

Viola chaerophylloides (Regel) W.Becker

　종소명 cheiro는 '손바닥 모양'을, phyllon은 '잎'을 뜻하는 말이다. 남산제비꽃의 잎이 다섯 갈래로 갈라진 모양을 표현했다. 남산제비꽃은 전국 각지에서 볼 수 있으므로 '남쪽에 있는 산에서 피는 제비꽃'이란 의미가 된다.

　꽃은 4~5월에 피고, 전국의 산 길가나 숲속에서 쉽게 발견할 수 있다. 한반도와 만주, 연해주 등에 광범위하게 분포하고 있으며, 일본은 대마도에서만 자라고 있다.

◀ 꽃은 흰색으로 피지만 자색을
띠는 개체도 보인다. 꽃잎 안쪽은
녹색이고 꽃뿔은 원통형으로 긴 편
이다. 꽃받침과 열매는 자색이지만
녹색을 띠는 개체도 있다. 꽃받침부
속체에는 불규칙한 거치가 있다. 씨
앗은 짙은 갈색이다.

▲ 잎은 세 갈래로 완전히 갈라져 있으며 양쪽의 잎이 다시 두 갈래로 나뉘어 다섯 갈래처럼 보인다. 잎이 갈라진 형태는 다양하며, 꽃이 지고 난 다음에는 한 포기에서 여러 형태의 잎이 섞여 나기도 한다.

◀ 길오징이나물(var. *sieboldiana*)은 잎이 더 가늘게 갈라져 있는데 남산제비꽃의 변종으로 분류하고 있다.

넓은잎제비꽃

Viola mirabilis L.

　종소명 mirabilis는 '놀랍다'는 뜻이다. 넓은잎제비꽃의 영어명도 '신기한 제비꽃'이라는 뜻의 wonder violet이다. 우리 이름은 잎이 넓다는 의미다. 국내에서는 멸종위기 2급 식물로 지정되어 있다.

　꽃은 4월에 피며, 석회암이 많은 강원도 특정 지역의 양지바른 산기슭에서 주로 자란다. 잎은 개화기 때까지 안쪽에서 말려 있다가, 꽃이 지고 나면 넓은 모양으로 펴진다.

▲ 옆꽃잎에 털이 많고 암술대는 원통형이며 끝은 짧은 부리 모양이다. 열매는 타원형으로 씨앗을 잘 맺지 않고 시들어버린다. 폐쇄화 열매에서 확인할 수 있는 씨앗은 연한 갈색이다.

▲ 넓은잎제비꽃은 다른 제비꽃과 비교해 몇 가지 특이한 점이 있다. 처음에는 줄기가 없으나, 꽃이 지고 나면 잎자루에서 새로운 잎이 돋아나 줄기가 된다. 개방화는 뿌리에서 나오며 폐쇄화는 줄기에서 나온다. 꽃이 지면 열매는 맺지만 씨앗은 잘 여물지 않고, 주로 폐쇄화에 의해 씨앗이 생긴다.

노랑제비꽃

Viola orientalis W.Becker

　종소명 orientalis는 '동쪽'이라는 뜻이다. 노랑제비꽃이 분포하는 지역이 러시아 연해주를 비롯한 한국과 중국, 일본 등 동부아시아 지역이기 때문에 붙인 학명이다. 노랑제비꽃이라는 우리 이름은 꽃의 색을 그대로 표현한 것이다.

　꽃은 4~5월에 핀다. 전국적으로 산의 길가나 바위틈에서도 잘 자라며, 대체로 산 정상 부근에 무리 지어 피는 특성이 있다. 노랑제비꽃은 빨리 시드는 편이다. 5월에 군락을 이루며 피던 노랑제비꽃은 8월 말이면 흔적을 찾기가 어려울 정도다. 늦은 가을까지 폐쇄화를 맺어 씨를 퍼뜨리거나 간혹 꽃을 피우는 다른 제비꽃에 비하면 확연한 차이다.

◀ 옆꽃잎에 털이 많고 암술머리에 돌기모가 있다. 지역에 따라 꽃자루 에 털이 있는 개체도 있지만 털노 랑제비꽃과는 다르다.

▲ 노랑제비꽃 중에는 미색을 띠는 개체도 있다.

누운제비꽃

Viola epipsiloides Á.Löve & D.Löve

종소명 epipsila는 '벌거숭이'라는 뜻으로 전체적으로 털이 없이 반질거리는 모양을 표현한 학명이다. 영어명은 dwarf marsh violet으로 '습지의 작은 제비꽃'이란 뜻이다. 우리 이름은 뿌리줄기가 땅속에서 옆으로 길게 눕듯이 자라는 데서 지어졌다.

꽃은 6~7월에 피며 1,000m 이상의 고지대 연못 주변의 습지에서 주로 자란다. 백두산 지역과 일본, 미국, 유럽, 러시아 등 광범위한 지역에서 자생하고 있다.

▲ 누운제비꽃의 옆꽃잎에는 털이 있으나 없는 개체도 있다. 꽃뿔은 꽃받침보다 짧고 통통하다.

▲ 누운제비꽃은 마디가 있는 뿌리줄기의 끝에서 보통 하나의 꽃과 두 개의 잎을 낸다.

둥근털제비꽃

Viola collina Besser

종소명 collina란 '언덕에서 자란다'는 뜻을 가지고 있고, 영어명도 hill violet이다. 둥근털제비꽃이란 이름은 열매가 둥글고, 열매를 포함한 전체에 털이 많은 것을 보고 붙인 이름이다. 중국에서는 '열매가 둥글다'는 뜻의 구과근채(球果菫菜)라고 부른다.

꽃은 비교적 일찍 핀다. 3월 중순이면 따뜻한 산기슭에서 낙엽을 뚫고 피어나는 연한 보라색 꽃을 볼 수 있다. 이 마음 급한 제비꽃은 잎이 나기도 전에 꽃부터 피우기도 한다. 둥근털제비꽃은 자라는 범위가 넓어 낮은 산 입구에서부터 해발 1,400m가 넘는 고산에까지 두루 자란다.

▲ 잎이 나기도 전에 꽃을 피우는 둥근털제비꽃을
흔히 볼 수가 있다. 꽃을 먼저 피우는 것도 생존을
위한 선택일 것이다.

◀ 옆꽃잎에 털이 있지만 없는 개
체도 있다. 암술머리는 갈고리 모양
으로 굽는다. 열매는 구형으로 표면
에 털이 많고 적자색 반점이 있다.
다른 제비꽃과 달리 열매는 땅바닥
에 늘어뜨린 상태로 벌어져 씨앗을
쏟아낸다. 씨앗은 연한 갈색이다.

▲ 꽃이 지고 나면 잎과 열매의 모양만으로 제비꽃을 구분해야 한다. 여름잎은 잎의 모양과 잎줄기에 난 날개의 발달 정도로 구분할 수 있다. 맨 왼쪽 둥근털제비꽃은 잎자루의 날개가 없다. 그다음 왜제비꽃은 엽저 밑부분에만 일부 날개가 있다. 그다음 잔털제비꽃과 털제비꽃은 잎자루를 따라 날개가 길게 생겼다. 맨 오른쪽은 서울제비꽃이다.

◀ 둥근털제비꽃 중에 이름과 달리 열매를 포함한 전체에 털이 없는 개체도 있다.

◀ 흰색 꽃이 피는 둥근털제비꽃은 별도의 품종(f. *albiflora*)으로 분류하기도 한다.

제비꽃의
구별 포인트

길을 걷다 마주친 제비꽃을 보고 곧바로 이름을 떠올리기는 결코 쉽지 않다. 특히나 꽃이 지고 난 후 여름철로 접어들면 포기의 크기나 잎의 모양에 변화가 심해 전문가들도 제대로 구별하기 어렵다. 제비꽃 도감이나 기타 기재문에는 각 제비꽃에 대해 여러 가지 특징을 기술하고 있다. 하지만 그것은 개화기의 일반적인 모습을 설명한 것으로 변화가 심한 제비꽃이 설명대로 꼭 들어맞지 않을 때가 많다.

흔히 제비꽃을 구분하는 주요 부분으로 암술머리의 모양과 색, 꽃의 색과 크기, 옆꽃잎의 털의 유무, 잎의 생김새, 잎이나 줄기의 털의 유무, 잎자루의 날개의 유무, 포엽의 위치, 부속체의 모양, 꽃뿔의 크기와 모양, 탁엽의 모양, 지상줄기의 유무 등등이 있다. 하지만 같은 종에서도 각 부분의 특징이 다른 경우가 많으므로 한둘의 구별 포인트만 보고 판단하면 안 된다. 제비꽃 전체의 이미지를 중심으로 꽃이 피어 있는 장소와 시기 등 모든 요소를 종합해 보아야 한다. 다음 페이지에 각 제비꽃의 일반적 특징과 다른 몇 가지 예외적인 사례를 정리해보았다.

◀ 왜제비의 암술머리는 흔히 녹색의 사마귀 머리 모양이지만, 옅은 자주색에 가로로 길게 생긴 모양도 있다.

▶ 서울제비꽃의 꽃받침부속체에는 보통은 거치가 있지만, 매끈한 개체도 있고, 꽃뿔도 다양한 모양이다.

◀잔털제비꽃은 일반적으로 옆꽃잎에 털이 있지만, 털이 전혀 없는 개체도 볼 수 있다.

▲ 낚시제비꽃의 포엽은 위치가 제각각이며 포엽이 위아래로 어긋나 있기도 하다.

▶ 졸방제비꽃의 탁엽 모양도 개체마다 조금씩 달라 모양을 특징 짓기 어렵다.

◀ 태백제비꽃은 보통 잎이 진한 녹색이며 표면은 주름져 있지만, 연한 녹색에 매끈한 모양의 잎을 가진 개체도 많다.

개화기 때 제비꽃의 구별이 모호하면 여름잎의 특징을 보고 판단할 수가 있다. 그것도 어려울 때는 열매와 씨앗의 모양과 특징을 보고 판단한다. 최후의 방법으로 뿌리를 캐 그 특징을 확인할 수도 있지만, 식물의 생육에 영향을 줄 수가 있으므로 매우 한정적으로 시도해야 할 방법이다. 최근에는 DNA로 분석하는 기법이 발달하여 기대를 갖게 한다.

뫼제비꽃

Viola selkirkii Pursh ex Goldie

　종소명 selkirkii란 스코틀랜드 사람의 이름으로 추정된다. 뫼제비꽃의 영어명은 northern violet 또는 selkirk's violet이라고 한다. 높은 산에서 자라는 특성이 있어 우리 이름은 뫼제비꽃이라 지었다. 중국에서는 '깊은 산에서 자라는 제비꽃'이란 뜻의 심산근채(深山菫菜)라고 부른다.

　꽃은 4~5월에 피며, 전국적으로 해발 800m 부근의 부엽토가 쌓인 계곡의 바위 위나 이끼 사이에서 잘 자란다. 주로 씨앗으로 번식을 하지만, 뿌리에서 부정아가 생겨 번식을 하기도 한다.

◀ 옆꽃잎에 털이 없으며 암술머리 끝이 길다. 열매는 표면에 자색 반점이 있으며 씨앗은 연한 갈색이다.

◀ 뫼제비꽃의 잎은 연한 녹색에서 짙은 자주색까지 다양하며, 거기에 알록 무늬가 들어 있기도 하다. 꽃이나 잎의 색 변화는 토질의 산성화나 온도의 영향을 받는 것으로 알려져 있다. 잎에 무늬가 있는 뫼제비꽃은 별도의 품종(f. *variegata*)으로 분류하기도 한다.

▶ 울릉도에서 자생하는 뫼제비꽃
은 크기가 크고 꽃의 색이 진하다.
또 육지의 뫼제비꽃에서는 볼 수
없는 옆꽃잎에 털이 있는 개체도
있다. 이러한 이유로 울릉도의 뫼제
비꽃을 독도제비꽃(울릉제비꽃)으
로 분류하기도 하지만 섬뫼제비꽃
이란 이름이 더 적합해 보인다.

흰뫼제비꽃

Viola selkirki var. *albiflora* Nakai

뫼제비꽃 중 꽃이 희게 피는 것을 말한다.
꽃이 희다는 것 외에는 생육환경이나 모양은 뫼제비꽃과 동일하다.

▶ 높고 깊은 산에서만 볼 수 있는 뫼제비꽃은 유난히 청초한 모습으로 흰뫼제비꽃은 신비한 느낌마저 든다.

민둥뫼제비꽃

Viola tokubuchiana var. *takedana* (Makino) F.Maek.

원종(V. *tokubuchiana*)은 잎의 모양이 뫼제비꽃과 유사한 계란형을 하고 있는데 국내에서는 발견되지 않고 있다. 종소명 tokubuchiana와 변종명 takedana는 일본의 식물학자 도쿠부치와 다케다(德淵永治郎/武田久吉)를 말한다. 민둥은 '털이 없다'는 의미로 쓰였지만, 이름과 달리 대부분의 개체에는 털이 있다.

꽃은 4월에 피며, 국내에서는 제주도에서 자생하고 있다.

▲ 꽃자루와 잎자루에 긴 털이 성기게 나 있는 성긴털제비꽃(*V. scabrida*)은 민둥뫼제비꽃의 이명으로 처리되고 있다.

▲ 옆꽃잎에 털이 있고 암술머리는 삼각형의 사마귀 머리 모양이다. 꽃뿔은 원통형으로 긴 편이다. 열매는 달걀 모양으로 표면에 적자색 무늬가 있고 씨앗은 갈색이다.

▲ 육지에서는 흰색 꽃이 피는 품종(f. *albiflora*)이 대부분이다.

줄민둥뫼제비꽃

Viola tokubuchiana var. *takedana* f. *variegata* F.Maek.

민둥뫼제비꽃 중 잎에 흰 무늬가 있는 것을 말한다.

꽃은 4월에 핀다. 내륙에서 흔하게 볼 수 있는 흰색 줄민둥뫼제비꽃은 분홍색 꽃인 개체와 구분하여 흰줄민둥뫼제비꽃이란 이름으로 불러야 할 것이다.

◀ 줄민둥뫼제비꽃의 잎을 보면 무늬의 선명도가 연속적으로 나타나 무늬가 있거나 없다고 하기가 애매한 경우가 많다. 또 사진에서 보듯이 같은 포기에 무늬가 있는 것과 없는 것이 함께 나타나기도 한다.

사향제비꽃

Viola obtusa (Makino) Makino

　종소명 obtusa란 '무디다'는 뜻을 가지고 있는데, 끝이 뭉툭한 잎의 모양에서 학명을 붙인 것으로 보인다. 꽃에서 사향 향내가 난다고 해서 우리말 이름은 사향제비꽃이라고 한다. 제비꽃 중에는 남산제비꽃, 단풍제비꽃, 알록제비꽃, 태백제비꽃 등에서도 비슷한 향기가 난다. 그러나 사향제비꽃을 닮은 (털)낚시제비꽃에서는 향기가 나지 않는다.

　꽃은 4월에 핀다. 햇볕 좋고 낮은 구릉지대나 산의 비탈면에서 잘 자라며, 우리나라에서는 제주도에서만 자라고 있다.

◀ 털낚시제비꽃과 비슷하게 생겼
으나, 꽃색이 선명하고 잎 끝이 뭉
툭하게 생겼다. 또 사향제비꽃은 짧
은 털이 빽빽이 나 있지만, 털낚시
제비꽃의 털은 길고 거친 느낌이
든다.

◀ 일반적으로 사향제비꽃의 꽃자루
에는 짧은 털이 빽빽하나 무모형 개체
도 종종 볼 수 있다.

삼색제비꽃

Viola tricolor L.

   종소명 tricolor는 '세 가지의 색'이란 뜻으로 꽃의 다양한 색을 표현했다. 우리 이름도 학명의 뜻 그대로 지었다. 유럽이나 북미에서는 매우 친근한 제비꽃으로 johnny jump up, heartsease, heart's delight 등의 재미있는 이름으로 불린다.

   3~6월 비교적 오랫동안 꽃을 피워 관상용으로 들여온 외래종이다. 길가 화단이나 관공서 앞에서 활짝 핀 삼색제비꽃은 봄의 기운을 느끼게 한다.

▲ 꽃색은 삼색이란 이름처럼 다양하고 암술머리는 뭉툭하며 꽃뿔은 가늘고 길쭉한 편이다. 포엽은 흔적만 있을 정도로 작다. 씨앗은 옅은 갈색이다.

▲ 길가 화단이나 관공서 앞에서 활짝 핀 삼색제비꽃은 봄의 기운을 느끼게 한다.

새로운
제비꽃

기존에 알려지지 않은 새로운 제비꽃을 볼 수 있을까? '언제든지 가능하다'가 그에 대한 대답이다. 우선 제비꽃은 다른 식물에 비해 교잡이 비교적 흔하게 일어나므로, 지금껏 보지 못했던 제비꽃이 언제나 탄생했다 사라지기를 반복한다고 할 수 있다. 두 번째가 재배종이나 외래종일 가능성이다. 외래종인 삼색제비꽃과 종지나물은 주변에서 흔히 볼 수 있다. 최근에는 긴꼬리제비꽃과 창원제비꽃이 여러 곳에서 발견되고 있다. 더 예쁜 꽃을 얻기 위한 인간의 욕망과, 기후 변화에 의해 재배종과 외래종은 더 늘어날 것이다. 세 번째는 주로 자연적 돌연변이에 의한 변종이나 품종의 출현이다. 흰색 꽃이 피는 서울제비꽃이나 털제비꽃은 우리나라에서 보고된 적이 없지만 새롭게 발견되고 있다. 잎맥에 붉은색이 돌거나, 무늬가 생기는 변화는 모두 새로운 품종으로 처리 가능하다. 마지막으로 새로운 종의 발견이다. 새로운 종의 제비꽃이 발견된다면 우리나라의 종 다양성 측면에서 큰 의미가 있다 할 것이다.

서울제비꽃

Viola prionantha Bunge

　종소명 prionantha는 '가장 먼저 피는 꽃'이란 뜻이다. 중국에서는 '빨리 피는 꽃'이란 의미의 조개근채(早開菫菜)라 부른다. 우리 이름은 '서울에서 발견된 제비꽃'이란 의미로 쓰였다.

　꽃은 4~5월에 피며, 경작지 주변이나 길가 양지바른 곳에 잘 자란다. 우리나라와 중국에서는 광범위하게 자라지만, 일본에서는 자생하고 있지 않다.

◀ 꽃자루에 털이 있으나 꽃받침에
는 털이 없고 꽃자루와 꽃받침은
녹색이다. 꽃받침부속체에는 불규
칙한 거치가 있다. 씨앗은 짙은 갈
색이다.

▲ 봄이 되면 눈길 가는 곳마다 서울제비꽃이 피어 있다. 돌 틈에 핀 서울제비꽃.

▲ 꽃자루와 잎자루에 털이 없는 서울제비꽃도 드물게 볼 수 있다.

▲ 서울제비꽃 중에는 흰색 꽃이 피는 개체도 있다.

선제비꽃
Viola raddeana Regel

　종소명 raddeana는 독일의 박물학자인 구스타프 페르디난드 리차드 라데(Gustav Ferdinand Richard Radde)를 기리기 위해 붙인 이름이다. 줄기가 있어 꼿꼿이 서 있는 모습에서 우리 이름을 붙였다. 중국에서도 '서 있는 제비꽃'이란 의미의 입근채(立菫菜)라고 부르며, 일본 역시 같은 의미의 다치스미레(タチスミレ)라 부른다. 국내에서는 멸종위기 2급 식물로 지정되어 있다. 다른 제비꽃에 비해 늦은 5~6월에 꽃이 핀다.

◀ 선제비꽃은 주로 강가에서 갈대
와 이웃하여 함께 자란다. 일본과
중국에도 자생하고 있으나, 매우 한
정적인 지역에 적은 개체만 남아
있는 희귀한 제비꽃이다.

▲ 꽃은 흰색에 가까운 자색으로 아래 꽃잎에 선명한 자색 줄무늬가 있다. 꽃뿔은 짧고 꽃받침부속체는 거의 없을 정도로 밋밋하다.

아욱제비꽃

Viola hondoensis W.Becker & H.Boissieu

종소명 hondoensis는 일본의 혼슈(本州) 지방을 가리키는 말이다. 우리
이름은 잎의 모양이 아욱을 닮았다는 의미로 붙였다.

꽃은 4월에 피며, 산의 길가나 따뜻한 경사면에서 잘 자란다.

▲ 꽃받침은 끝이 뭉툭하고 꽃받침
부속체는 짧고 밋밋하지만 얕은 거
치가 보이기도 한다. 열매는 구형으
로 표면에 털이 많고 자색 반점이
있다. 씨앗은 연한 갈색이다.

◀ 아욱제비꽃(좌)과 둥근털제비꽃 (우)은 매우 비슷하게 생겼으나, 땅 위로 기는 줄기가 나온다는 점과 잎과 잎가장자리의 모양에서 차이 를 보인다.

▲ 한겨울에도 따뜻한 곳에서는 월동을 하여 이듬해 봄까지 잎이 그대로 살아 있다.

알록제비꽃

Viola variegata Fisch. Ex Link

  종소명 variegata는 불규칙하게 얼룩진 모양을 나타내는 말이다. 우리 이름도 잎에 생긴 알록 무늬를 보고 지었다.

  꽃은 4~5월에 핀다. 전국적으로 산길 가장자리나 경사면에 자라며, 산의 절개지나 바위틈에서도 비교적 잘 자란다.

▲ 꽃뿔은 긴 원통형이고 꽃받침부속체는 밋밋하다. 열매 표면에 짧은 털이
나 있고 자색 반점이 있다. 씨앗은 갈색이다.

◀ 강원도에서 주로 발견되는 흰색 꽃이 피는 개체를 영월제비꽃이라 부르기도 하는데, 꽃색이 원종과 다를 경우 품종으로 분류할 수 있다.

▲ 잎 뒷면이 초록색인 청알록제비꽃(*V. ircutiana* Turcz.)은 알록제비꽃의 이명으로 처리하고 있다.

자주알록제비꽃
Viola tenuicornis W. Becker

　종소명 tenuicornis는 '얇다'는 뜻의 tenuis와 '뿔'을 뜻하는 cornus의 합성어다. 뿔처럼 길게 생긴 자주알록제비꽃의 꽃뿔을 형상화한 것으로 보인다. 우리 이름은 뒷면은 짙은 자주색이며, 앞면은 무늬가 거의 없는 잎의 모양을 보고 붙였다.

　꽃은 4~5월에 피고, 잎 표면에 무늬가 없다는 점 외에는 알록제비꽃과 동일한 모양이며, 자라는 환경도 비슷하다.

◀ 연꽃잎에는 털이 있다. 꽃뿔은 가늘고 긴 편이며 열매 표면에는 털이 있다.

애기금강제비꽃

Viola yazawana Makino

종소명 yazawana는 일본의 식물학자 야자와(矢沢米三郎)를 지칭한다. 우리 이름은 작은 금강제비꽃이라는 의미로 붙였다.

꽃은 5월에 피며, 해발 1,000m 정도의 높이에서 자갈 틈이나 물이 잘 빠지는 흙에서 자란다.

▶ 애기금강제비꽃은 잎이 얇고 부드러워 여리고 약한
느낌이 든다. 개체도 많지 않아서 최근에서야 우리에
게 익숙해진 제비꽃이다.

◀ 전체적인 모양은 흰색 고깔제비
꽃과 비슷하나, 애기금강제비꽃은
옆꽃잎에 털이 없으며 잎가장자리
모양에서 차이를 보인다. 꽃받침부
속체는 밋밋하며 꽃뿔은 짧고 통통
하다. 열매는 타원형으로 표면에 자
색 반점이 드물게 있고 씨앗은 짙
은 자색이다.

제비꽃이
피는 장소

제비꽃은 다양한 종만큼이나 자라는 곳도 다양하다. 우선 인가가 있는 곳에서는 눈만 돌리면 제비꽃, 호제비꽃, 흰들제비꽃, 흰젖제비꽃 등을 볼 수 있다. 산길을 걷다 보면 길가에는 고깔제비꽃, 남산제비꽃, 둥근털제비꽃, 잔털제비꽃, 졸방제비꽃들이 피어 있고, 조금만 더 오르면 노랑제비꽃과 태백제비꽃이 눈에 띄기 시작한다. 힘이 남아 더 높은 곳을 오르면 금강제비꽃과 뫼제비꽃을 만날 수가 있다. 산길을 벗어나 계곡 근처를 살펴보면 운 좋게 왕제비꽃을 만날 수가 있고, 강원도 일부 지역에서는 넓은잎제비꽃도 볼 수가 있다.

고산에서 자라는 장백제비꽃은 설악산 능선에서, 구름제비꽃과 엷은잎제비꽃은 백두산처럼 높은 산에나 가야 만날 수 있다. 바다가 가까운 곳에서는 긴잎제비꽃과 낚시제비꽃, 자주잎제비꽃 등을, 바위틈이나 산의 절개지 등에서는 알록제비꽃과 갑산제비꽃을 볼 수 있다. 콩제비꽃은 낮은 산 습한 곳

에서 잘 자라지만 누운제비꽃은 고산 습지대에서만
자라고, 낙동강 하류 갈대 숲속에서는 선제비꽃이
위태롭게 살아가고 있다.

각시제비꽃과 사향제비꽃은 제주도에서만 볼 수
가 있고, 큰졸방제비꽃과 우산제비꽃은 울릉도에서
만 살고 있다. 간도제비꽃은 간도에 가야만 볼 수
있고, 왜졸방제비꽃은 백두산에서만 만날 수 있다.
부지런하지 않으면 평생 동안 이 제비꽃들을 다 볼
수가 없을 것이다.

여뀌잎제비꽃

Viola thibaudieri Franch. & Sav.

　종소명 thibaudieri는 파리 린네협회의 비서인 티보 드 샹발롱(Thibault de Chanvalon)을 뜻하는 것으로 보인다. 우리 이름은 잎의 모양이 여뀌잎처럼 생긴 데서 지어졌다.

　꽃은 5월에 피며, 습기가 많은 산의 숲속 반그늘에서 주로 자란다.

◀ 숲 속에서 만난 여뀌잎제비꽃은 늘씬하고 큰 키에 매끈한 잎으로 마치 신사의 모습을 연상시킨다.

▶ 꽃은 흰색이고 옆꽃잎에 털이
있다. 꽃받침부속체는 짧고 얕은 거
치가 있다. 씨앗은 갈색이다. 왕제
비꽃과 자라는 환경이나 모양이 비
슷하다. 그러나 왕제비꽃은 잎 가장
자리의 거치가 깊고 거칠지만 여뀌
잎제비꽃은 얕고 매끈하다.

엷은잎제비꽃
Viola blandiformis Nakai

　종소명 blanda는 '부드럽고 연하다'는 의미가 있고 formis는 '형태를 갖추다'는 뜻이 있다. 전체적으로 작고 부드러운 엷은잎제비꽃의 이미지에서 나온 이름이다. 엷은잎제비꽃처럼 제비꽃 이름은 잎의 모양을 보고 정한 것이 많다. 이는 제비꽃을 구별하는 데 잎의 모양이 중요한 역할을 하는 것임을 의미한다.

　꽃은 5~6월에 피며, 1,500m 이상의 높은 산 침엽수 아래 그늘이 지고 습기가 많은 곳에서 잘 자란다.

▲ 꽃은 흰색으로 피고 옆꽃잎에 털이 없으며 아래 꽃잎에 선명한 자색줄이 있다. 꽃받침부속체는 짧고 밋밋하며 꽃뿔은 통통하고 짧다.

왕제비꽃

Viola websteri Hemsl.

　종소명 websteri는 미국의 식물학자인 조지 웹스터(George W.Webster)
를 뜻한다. 왕제비꽃은 다른 제비꽃에 비해 줄기가 굵고 키가 커서 붙은 이
름이다. 우리나라에서는 멸종위기 2급 식물로 지정되어 있다.

　꽃은 4월에 피며, 꽃잎에 진한 자주색 줄무늬가 있다. 충청도를 포함한
중부 지방의 한정된 장소에서만 볼 수 있으며, 습기가 많고 물이 흐르는 계
곡 가까운 곳에서 잘 자란다.

▲ 흰색과 옅은 자색 꽃이 피고 옆꽃잎에 털이 있다. 꽃받침은 가늘게 뾰족하고 꽃받침부속체에는 짧고 얕은 거치가 있다.

왜제비꽃

Viola japonica Langsd. ex DC.

종소명 japonica란 '일본에서 자란다'는 뜻이다. 우리 이름에도 작거나 일본을 뜻하는 '왜'라는 단어를 붙였다. 하지만 실제 꽃의 크기는 다른 제비 꽃과 비교하여 작지는 않다.

3~4월에 꽃이 피며, 낮은 산 길가나 양지바른 경사지에서 잘 자란다. 남 쪽 지방에서 주로 자생하고 있으나, 최근에는 중부 지방 여러 곳에서도 눈 에 띈다.

▲ 왜제비꽃의 꽃자루에는 털이 있거나 없고 꽃뿔은 긴 편이다. 열매 표면에 자색 무늬가 있거나 없고 씨앗은 연한 갈색이다. 옆꽃잎에는 털이 없는 개체가 일반적인데 털이 있는 개체를 별도의 품종(f. *barbata*)으로 분류하기도 한다.

▲ 대문 앞 아스팔트 사이로 핀 왜제비꽃이 기특하고 반갑다. 드나드는 모든 사람들이 왜제비꽃을 보고 미소를 지을 것이다.

◀ 흰색 꽃이 피는 개체를 별도의 품종(f. *albida*)으로 분류하기도 한다.

왜졸방제비꽃

Viola sacchalinensis H.Boissieu

    종소명 sacchalinensis는 '사할린제도에서 자란다'라는 뜻이다. 우리 이름은 졸방제비꽃보다 꽃의 크기와 키가 작다는 뜻에서 '왜'를 붙였다.

    꽃은 5~6월에 피며, 백두산 일대의 관목 숲속에서 넓게 자생하고 있다. 학명에서 알 수 있듯이 주요 서식지는 시베리아에서 한반도를 포함한 극동 지역 및 사할린, 캄차카반도까지 폭넓게 분포한다.

▲ 옆꽃잎에 털이 있고 꽃받침은 길게 뾰족하며 꽃받침부속체에는 얕은 거치가 있다. 암술머리에는 돌기모가 있으나 없는 개체도 있다.

▲ 같은 백두산 지역에 많이 분포하고 있는 참졸방제비꽃(*V. koraiensis*)은 왜졸방제비꽃의 이명으로 처리하고 있다. 둘은 비슷하게 생겼으나 왜졸방제비꽃은 옆꽃잎에 털이 있고 암술머리에 돌기모가 있다는 점에서 참졸방제비꽃과 구별된다.

우산제비꽃

Viola woosanensis Y.N.Lee & J.Kim

    종소명 woosanensis는 '우산(울릉도의 옛말) 지역에서 자란다'는 뜻이다. 우리 이름도 종소명 그대로 우산제비꽃으로 지었다.

    꽃은 4월에 피며, 뫼제비꽃과 남산제비꽃의 잡종으로 알려져 있다.

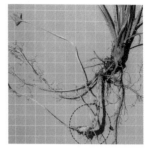

▲ 옆꽃잎에 털이 있다. 꽃받침부속체에는 불규칙한 거치가 있다. 꽃이 진 후 열매를 맺지 않으나 뿌리에서 부정아가 생겨 번식하기도 한다.

◀ 폐쇄화는 피지만 열매는 맺지 않는다.

제비꽃의 잡종

제비꽃 탐구가 흥미로우면서 어려운 이유 중 하나가 종간에 비교적 빈번히 일어나는 교잡(hybridization) 때문이다. 교잡이란 유전적 조성이 다른 두 개체 사이의 교배를 말하고, 교잡을 통해 생긴 자식을 잡종(hybrid)이라 한다. 말과 당나귀의 잡종인 노새가 힘이 세고 지구력이 강하지만 새끼를 낳을 수 없다는 것은 잘 알려진 사실이다. 마찬가지로 제비꽃의 잡종도 양친의 우성유전자를 이어받아 키가 크고 포기가 풍성한 잡종강세(heterosis)를 보이지만 열매는 맺지 못한다. 다른 제비꽃들과 마찬가지로 폐쇄화는 맺지만, 폐쇄화는 씨앗은 만들지 못하고 이내 시들어버린다.

잡종이라 해도 교잡을 한 모종의 특징이 외형에서 어느 정도 드러난다. 또 잡종의 주변에서 자라고 있는 제비꽃들을 참고해 어떤 종들 간의 교잡인지 추정할 수 있다. 하지만 형태적 형질(morphological character)만으로 잡종의 모종을 확정하기에는 여전히 한계가 있다. 그래서 잡종은 제비꽃 애호가들 사이에서 언제나 열띤 논쟁의 중심에 서 있다.

왼쪽의 뫼제비꽃과 오른쪽 태백제비꽃의 중간 형태를 보이는 유일제비꽃(가운데)

자주잎제비꽃

Viola violacea Makino

종소명 violacea는 '보라색을 띠고 있다'는 뜻이다. 잎의 뒷면이 짙은 자주색을 띠고 있기 때문에 붙은 학명이다. 우리 이름도 잎의 색을 보고 붙였다.

꽃은 4월에 피며, 바다에서 멀지 않은 산의 등산로 주변이나 경사면에서 자란다.

▲ 옆꽃잎에는 털이 없으나, 아주 드물게 털이 있는 개체도 있다. 암술머리는 흰색이고 꽃뿔은 긴 편이며 꽃받침부속체는 반원형으로 밋밋하다. 열매표면에 자색 반점이 있고 씨앗은 갈색이다.

▲ 잎 뒷면의 진한 자주색은 꽃이 지고 나면 차차 옅어져 녹색으로 변한다.

▲ 자주잎제비꽃은 반짝이고 매끈한 잎을 가지고 있어 꽃색과 어우러져 깔끔한 느낌을 준다.

▲ 잎맥에 따라 흰 무늬가 있는 것은 별도의 품종(f. *versicolor*)으로 분류하기도 한다.

잔털제비꽃

Viola keiskei Miq.

종소명 keiskei는 일본의 식물학자 케이스케(伊藤圭介)를 지칭한다. 우리 이름은 꽃자루를 포함해 전체적으로 작은 털이 많다고 붙여졌다. 영어 이름도 short-hair violet으로 짧은 털을 표현했다.

4월에 꽃이 핀다. 거의가 흰색이지만 옅은 홍자색을 띠는 꽃도 있다. 잔털제비꽃은 전국적으로 분포되어 있으며 산 입구에서 높은 곳까지 넓게 자란다.

◀ 꽃받침부속체는 불규칙하게 갈라진다. 열매는 둥근 달걀 모양이고 씨앗은 검은색이다. 옆꽃잎에 털이 있는 것이 일반적이지만, 털이 전혀 보이지 않는 개체도 있다. 일본에서는 털이 있는 개체를 오히려 별도의 품종(f. *barbata*)으로 분류하기도 한다.

▲ 잔털제비꽃은 전체적으로 털이 많지만, 제주도에는 털이 없는 개체도 자생하고 있다.

▲ 남부 해안가 일부 지역에는 연한 분홍색 꽃이 피는 잔털제비꽃도 있다.

장백제비꽃

Viola biflora L.

    종소명 biflora는 '두 개의 꽃'이란 뜻이다. 옆꽃잎이 위로 벌어지면서 도드라져 보이는 모습에서 붙은 학명으로 보인다. 장백제비꽃은 백두산이 있는 장백산맥에서 넓게 자생하고 있어 붙은 이름이다. 중국에서는 학명의 의미대로 '꽃이 두 개'란 뜻의 쌍화근채(雙花菫茱)라고 부른다.

    꽃은 5~6월에 피며, 국내에서는 1,400m 높이의 바위와 자갈이 많은 곳에서 한정적으로 볼 수 있다.

▲ 꽃받침부속체는 짧고 끝이 둥글고 밋밋하다. 꽃뿔은 짧으며 씨앗은 갈색이다. 암술머리에 돌기모가 없고, 옆꽃잎에도 털이 없다는 점에서 노랑제비꽃과 쉽게 구별할 수 있다.

제비꽃

Viola mandshurica W.Becker

종소명 mandshurica는 '만주 지역에서 핀다'는 뜻이다. 우리가 별도의 수식어 없이 그냥 제비꽃이라 부르는 것은 그만큼 주변에서 흔하게 보는 대표적인 제비꽃이라는 의미이다. 중국에서는 만주를 뜻하는 '동북 지방의 제비꽃'이란 의미로 동북근채(東北菫菜)라고 부른다.

꽃은 4~5월에 피며, 전국적으로 마을 주변이나 산 길가의 양지에 많이 핀다.

▲ 옆꽃잎에 털이 있고 꽃받침부속체는 짧으며 거치가 있다. 열매는 타원형이고 씨앗은 짙은 갈색이다. 호제비꽃과 자주 혼동되는데, 생긴 모양뿐만 아니라 피는 장소와 시기도 비슷하기 때문이다. 제비꽃은 꽃자루에 털이 없으나 호제비꽃은 짧은 털이 있고, 제비꽃은 옆꽃잎에 털이 있으나 호제비꽃은 없다.

◀ 제비꽃은 마을 주변 어디에서나 볼 수 있는 친숙한 꽃이다.

▲ 흰 꽃을 피우는 제비꽃은 별도의 품종(f. *albiflora*)으로 분류하기도 한다.

졸방제비꽃

Viola acuminata Ledeb.

　종소명 acuminata는 잎 등이 '뾰족한 모양'을 뜻한다. 졸방제비꽃의 잎 끝이 급격하게 좁아지는 모습을 보고 지은 학명이다. 강원도와 경상도 지역에서는 곡식을 이는 기구를 '졸뱅이'라고 불렀다. 우리 이름은 줄기와 거기에 달린 꽃들의 모양에서 졸뱅이가 연상되어 졸방제비꽃이라 부르게 된 것이라 추정한다(조민제, '제비꽃 이름 유래기').

　4~5월에 꽃이 피며, 전국의 낮은 산에서부터 1,000m 이상의 높은 곳까지 꽃이 피는 장소가 광범위하다.

◀ 졸방제비꽃의 옆꽃잎에는 털이 유난히 많고, 암술머리에는 돌기모가 있다. 꽃뿔은 짧고 꽃받침부속체는 날카롭게 갈라진다. 씨앗은 짙은 갈색이다.

▲ 졸방제비꽃은 씨앗으로만 번식하는 것으로 알려져 있으나, 길게 뻗어난 뿌리에서 새 개체가 자라는 경우도 있다.

민졸방제비꽃

Viola acuminata f. *glaberrima* (H.Hara) Kitam.

　졸방제비꽃 중에 털이 없는 개체를 말한다. 졸방제비꽃이 피는 곳에서 섞여 자란다.

종지나물

Viola sororia Willd.

　종소명 sororia는 '흙덩이가 된다'는 뜻이다. 종지나물의 뿌리가 흙과 뒤
엉켜 덩이진 모양을 보고 붙인 이름이 아닐까 추측한다. 우리 이름은 널찍
하게 생긴 잎이 마치 종지 그릇을 닮았다고 해서 지어졌다. 외래종으로 미
국제비꽃이라 부르기도 한다.

　꽃은 4~5월 동안 길게 피는 편이며, 번식력이 좋아 원예용으로 많이 심
는다.

▲ 꽃색은 보라색, 흰색, 황색, 흰 바탕에 점무늬 등으로 다양하다. 옆꽃잎에 털이 많으며 꽃뿔은 짧고 꽃받침부속체는 밋밋하다. 씨앗은 검은 자주색이다.

▲ 최근에는 인근 야산이나 길가에서 야생으로 번식하고 있는 종지나물을 많이 볼 수 있다.

제비꽃의
번식

종 번식은 모든 생명체에 있어서 숙명과도 같은 것이다. 제비꽃도 예외는 아니어서, 꽃이 지면 삭과(capsule) 형태의 열매를 맺고 씨앗을 퍼뜨린다. 이때 숙였던 열매는 곧추서며 조금이라도 더 멀리 씨앗을 날릴 준비를 한다. 씨앗은 꼬투리에서 튕겨져 나오는 힘으로 4m 이상 날아가기도 한다. 벌어진 꼬투리를 지켜본 사람이라면, 날아온 씨앗에 안경과 이마 등을 톡톡, 부딪힌 경험이 있을 것이다.

제비꽃 씨앗에 붙은 종침(elaisome)은 씨앗을 더 멀리 퍼뜨리는 작용을 하기도 한다. 이 종침을 먹으려는 개미들이 씨앗을 물고 멀리까지 운반하기 때문이다.  특히 둥근털제비꽃과 아욱제비꽃은 씨를 튕기지 않고 땅 위에서 꼬투리를 벌리기만 하는데, 개미의 역할 덕분에 씨앗을 멀리까지 옮겨 번식할 수가 있는 것이다.

제비꽃은 꽃이 피는 봄에만 열매를 맺는 것이 아니다. 늦은 가을, 서리가 내릴 때까지 끊임없이 열매를 맺고 씨를 퍼뜨린다. 이 놀라운 사실은 제비꽃이 폐쇄화(cleistogamous flower)를 맺는 특성 때문이다. 폐쇄화는 자가수분(autogamy)을 통해 외부로부터의 도움 없이도 스스로 씨를 맺는 꽃이다. 폐쇄

화 열매에는 길쭉한 암
술머리의 흔적이 없어
개방화(blossom) 열매와
구분이 된다.

뜨거운 여름에는 폐쇄화
도 잠시 주춤하다가 가을
이 시작되면 왕성하게 다시 열매를 맺기 시작한다.
아래 사진은 잎에 단풍이 들 정도의 늦은 가을에,
여전히 씨를 맺고 있는 서울제비꽃의 모습이다.

제비꽃은 또 많은 종이 뿌리에서 부정아를 내어 번
식을 하는 무성생식(asexual reproduction)을 하기
도 한다. 제비꽃 중에 부정아가 확인된 것으로는
금강제비꽃, 뫼제비꽃, 민둥뫼제비꽃, 태백제비꽃,
흰들제비꽃 등이 있다. 줄기가 있는 졸방제비꽃에
서도 부정아로 새로운 개체를 만든 모습을 확인하
였다. 잡종 중에는 창덕제비꽃과 우산제비꽃에서
부정아가 확인되었지만, 더 많은 종에서 부정아를
이용한 번식을 할 것으로 판단된다.

콩제비꽃
Viola arcuata Blume

　종소명 arcuata는 '아크(arch) 모양을 하고 있다'는 뜻이다. 우리 이름은 꽃의 크기가 다른 제비꽃에 비해 유난히 작아서 붙인 이름이다.

　다른 제비꽃에 비해 다소 늦은 4~5월에 꽃이 핀다. 전국의 하천이나 개울가 등 습기가 많은 곳에 무리 지어 자란다.

▲ 꽃은 옅은 자색이거나 흰색이다. 꽃받침부속체는 짧고 밋밋하거나 얕게
갈라지기도 한다. 씨앗은 검은 갈색 또는 검은색이다.

▲ 콩제비꽃은 씨앗의 크기도 1mm 내외로 매우 작아 금강제비꽃 씨앗의 3분의 1 정도밖에 되지 않는다.

반달콩제비꽃

Viola verecunda var. *semilunaris* Maxim.

종소명 verecunda는 '부끄러워하다'는 뜻이 있고, 변종명 semilunaris 란 '반달'을 뜻한다. 콩제비꽃의 변종으로 잎의 모양이 반달 모양을 하고 있 다고 해서 붙은 이름이다.

꽃은 4~5월에 피며, 주로 낮은 산지의 계곡 주변이나 습기가 많은 곳에 무리 지어 자란다.

일반적으로 제비꽃들은 여름으로 가면서 잎의 모양과 크기에 변화가 심하 다. 반달콩제비꽃의 잎도 콩제비꽃의 잎과 중간 형태에서 완전한 반달의 모 습까지 연속적으로 생겨나, 둘을 특정 지어 구분하기가 곤란할 때가 많다. 그 래서 제비꽃의 특징은 꽃이 피어 있는 시기의 일반적인 모양으로 설명한다.

큰졸방제비꽃

Viola kusanoana Makino

　마키노(牧野富太郎) 박사는 논문에서 동료인 쿠사노(草野俊助) 박사를 기리기 위해 그의 이름을 학명으로 지었다고 하였다. 졸방제비꽃보다 잎이나 꽃의 크기가 크다는 뜻에서 큰졸방제비꽃이란 이름을 붙였다. 울릉도에서 자라는 식물 중에는 큰연령초나 큰두루미꽃처럼 이름 앞에 '큰' 자를 붙이는 경우가 많다.

　꽃은 4~5월에 피며, 성인봉을 오르다 보면 주변이 큰졸방제비꽃으로 뒤덮일 정도로 큰 군락을 이루고 있다.

▲ 옆꽃잎에 털이 없고 아래꽃잎이
넓은 편이다. 꽃받침부속체는 짧고
얕게 갈라진다. 씨앗은 갈색이다.

▲ 흰색의 꽃이 피는 큰졸방제비꽃은 별도의 품종(f. *alba*)으로 분류하기도 한다.

태백제비꽃

Viola albida Palib.

　종소명 albida는 '흰 꽃'이란 뜻으로 꽃의 색을 보고 붙인 이름이다. 우리 이름은 태백이란 지명을 따서 붙였다. 중국명으로는 조선근채(朝鮮菫菜)이라 부른다.

　4월, 산의 입구에서 1,500m가 넘는 정상까지 다양한 높이에 걸쳐 꽃이 핀다. 우리나라에서는 제주도를 제외한 전국의 산에서 자라며, 중국 산둥 지역과 둥베이 지역에도 넓게 분포하고 있다.

▲ 옆꽃잎에 털이 있고 꽃받침부속체는 갈색으로 톱니 모양이다. 열매 표면에 자색 반점이 있거나 없다. 씨앗은 갈색이다.

단풍제비꽃

Viola albida var. *takahashii* (Nakai) Nakai

　변종명 takahashii는 일본의 식물학자인 다카하시 시치조(高橋七藏)를 말한다. 학명으로는 태백제비꽃의 변종으로 분류되었다. 우리 이름은 갈라진 잎의 모양이 단풍잎과 닮은 데서 지어졌다. 중국에서는 '국화잎을 닮았다'는 의미로 국엽근채(菊葉菫菜)라 부른다. 《중국식물지(FOC)》에는 단풍제비꽃을 잡종(V.×takahashii)으로 분류하기도 하지만, 이 학명은 이명으로 처리되고 있다.

　꽃은 4월에 피며, 태백제비꽃이 자라는 곳에서 볼 수 있다.

　유사한 제비꽃 중에 남산제비꽃은 잎이 완전히 갈라져 복엽 형태이지만, 단풍제비꽃은 단엽으로 결각이 있다는 점이 다르다.

◀ 잎에 결각이 있는 부분을 제외
하면 전체적인 모양에서 태백제비
꽃과 큰 차이가 없다.

제비꽃의
녹색 꽃

제비꽃을 탐사하다 보면 녹색 꽃을 피우는 제비꽃들도 흔히 보게 된다. 같은 계열인 남산제비꽃, 단풍제비꽃, 태백제비꽃에서 가장 많이 발견되지만, 알록제비꽃과 잔털제비꽃에서도 볼 수 있다. 녹색 꽃을 관찰해보면 꽃이 작고 꽃자루가 짧다는 것 외에는 암술머리와 꿀샘 등 기관은 모두 갖추고 있음을 알 수 있다.

녹색 꽃이 피는 제비꽃에 대해서는 다양한 의견들이 있다. 이영노 박사는 녹색남산제비꽃(*V. albida* var. *chaerophylloides* f. *viridis*)과 초록태백제비꽃(*V. albida* f. *viridis*)으로 이름 짓고 품종으로 분류하였다. 한편에서는 녹색 꽃을 피우는 제비꽃은 고깔제

▲ 남산제비꽃, 단풍제비꽃, 태백제비꽃, 알록제비꽃, 잔털제비꽃.

비꽃과의 교잡으로 생겨난 잡종이라는 주장이 있고, 다른 한편에서는 환경 등의 영향으로 인한 발달 장애 현상이라는 견해도 있다.

일본에서는 녹색 꽃이 핀 낚시제비꽃을 품종(*V. grypoceras* f. *viridans*)으로 분류하였으나, 어떤 스트레스에 의해 조상의 형질이 나타나는 격세유전 (atavism)으로 보는 견해도 있다. 녹색 꽃이 핀 알록 제비꽃을 관찰한 바에 의하면, 다음해 정상적으로 꽃이 피고 열매가 맺히는 것을 확인할 수 있었다. 잔털제비꽃 중에는 녹색 꽃과 정상적인 꽃이 동시에 피는 경우도 볼 수가 있어, 이를 품종이나 잡종으로 처리하기에는 무리가 있다.

털제비꽃

Viola phalacrocarpa Maxim.

   종소명 phalacrocarpa는 '털 없는 열매가 달린다'는 뜻이다. 그러나 학명의 표기와 달리 털제비꽃 열매의 표면에는 털이 많다. 우리 이름은 전체적으로 털이 많다는 뜻으로 붙였다. 열매에 털이 있는 제비꽃은 털제비꽃을 비롯해 알록제비꽃과 둥근털제비꽃, 아욱제비꽃 등이 있다.

   꽃은 4월에 피며, 전국의 낮은 산 길가나 양지바른 경사지 등에 많이 보인다.

◀ 옆꽃잎에 털이 있고 꽃받침부속체, 꽃자루, 열매 등 전체적으로 털이 많다. 열매 표면에 털이 많고 짙은 자색 반점이 있지만 없는 개체도 있다. 씨앗은 갈색이다.

◀잎이 더 둥근 것은 이시도야제비
꽃(*V. ishidoyana*)으로 부르기도
했지만 털제비꽃의 이명으로 처리
하고 있다.

▲ 흰색 꽃이 피는 털제비꽃은 별도의 품종(f. *chionantha*)으로 분류하기도 한다.

민둥제비꽃

Viola phalacrocarpa f. *glaberrima* (W.Becker) F.Maek. ex H.hara

　품종명 glaberrima는 '매끄럽다'는 뜻을 가지고 있다. 민둥이란 털이 없다는 의미이므로, 털제비꽃 중에서 옆꽃잎을 제외한 전체에 털이 없는 개체를 말한다.

　꽃은 4월에 피며, 털제비꽃이 잘 자라는 환경에 섞여 자란다.

◀ 민둥제비꽃은 털제비꽃에 털이
없는 것으로 열매에도 털이 없다.

제비꽃의 기형

생물은 성장 과정에서 각 개체 간 형태적 차이를 보일 수 있다. 그러나 그 차이가 일정 범위를 벗어나면 그것을 기형(malformation)이라 부른다. 제비꽃을 자세히 관찰하다 보면 여러 가지 기형의 모습을 볼 수 있다.

우선 꽃뿔이 여러 개 달린 형태로, 다양한 제비꽃에서 이 모습이 나타난다. 이런 제비꽃을 보고 있자면, 아무리 예뻐도 약간 괴기스런 느낌을 준다. 꽃뿔이 여러 개라고 해도 꿀샘은 아래 꽃잎과 연결된 꽃뿔 속에만 있고, 꽃이 지면 정상적으로 열매도 맺는다.

▲ 갑산제비꽃, 남산제비꽃, 민둥제비꽃.

▲ 민둥뫼제비꽃, 서울제비꽃, 뫼제비꽃.

▲ 알록제비꽃, 왜제비꽃, 제주제비꽃.

▲ 털제비꽃, 흰털제비꽃.

▲ 꽃자루에 있는 포엽에서 또 다른 꽃자루가 생겨나는 경우도 있다. 알록제비꽃 포엽에서 새로운 꽃자루가 돋아 나고, 열매까지 맺고 있음을 볼 수 있다. 제주제비꽃에서는 꽃이 시들자 꽃자루의 포엽에서 두 개의 폐쇄화가 맺히 기도 하였다.

▲ 꽃은 씨방에서 씨를 맺어 번식해야 하지만, 꽃에서 바로 싹이 돋아나는 진기한 장면도 있다. 잔털제비꽃의 녹색 꽃에서 새로운 잎이 생기더니, 크게 자라기까지 하는 모습이다.

▲ 넓은잎제비꽃의 폐쇄화 속에서 꽃이 피어나는 것도 특이한 일이다. 잡종으로 알려진 제주제비꽃의 폐쇄화에서도 꽃잎이 엿보인다.

▲일반적으로 제비꽃은 꽃잎이 다섯 개이지만, 꽃잎과 꽃받침이 네 개뿐인 제비꽃도 있다. 꽃잎이 왜소하고 심하게 갈라져 여러 개로 보이는 제비꽃도 있다.

기형을 일으키는 원인은 일시적인 영양 과다에서부터 유전적인 영향이나 호르몬의 이상, 미생물의 영향, 기후 변화 등 다양하다. 제비꽃에서 보이는 이러한 기형들에 대해 지속적인 관찰이 필요하다.

호제비꽃

Viola philippica Cav.

종소명 philippica는 '필리핀에서 자란다'는 뜻이다. 필리핀에서 처음 발견된 것으로 추정된다. 우리 이름은 오랑캐를 뜻하는 호(胡) 또는, 꽃잎이 서로 마주본다는 뜻의 호(互)에서 붙였다는 설이 있다.

꽃은 4~5월에 피며, 마을 주변이나 도시의 담장 밑에서 흔히 관찰할 수 있다. 인도와 필리핀 등 아열대 지역에서 헤이룽장성(黑龙江省)까지 광범위하게 자생한다.

▲ 호제비는 일반적으로 옆꽃잎에 털이 없으나, 있는 개체는 별도의 품종 (*V. yedoensis* f. *barbata*)으로 분류하고 있다. 옆꽃잎에는 털이 없지만 있는 개체도 있다. 암술머리는 짧고 꽃뿔은 가늘고 긴 편이다. 꽃자루에 분가루 같은 짧은 털이 밀생하고 꽃받침부속체에는 불규칙한 거치가 있다. 씨앗은 연한 갈색이다.

▲ 해질 무렵 보게 된 호제비꽃은 저녁 노을 만큼이나 아름답다.

▲ 열매를 맺은 호제비꽃.

▲ 흰색 꽃이 피는 것과 꽃자루에 털이 없는 것은 일본에서는 각각 별도의 품종(*V. yedoensis* f. *albescens*/f. *glaberrima*)으로 분류하고 있다.

흰젖제비꽃

Viola lactiflora Nakai

종소명 중 lacti는 '우유'를, flora는 '꽃'을 뜻한다. 우유색과 같은 꽃이 피는 제비꽃으로 해석하면 된다. 우리 이름도 흰 우유라는 뜻에서 지어졌다.

꽃은 4~5월에 피며, 집 주변 화단이나 공원 등에 무리 지어 자란다. 우리나라와 중국에서 광범위하게 자생한다.

1914년에 발표된 원기재문을 보면 "왜제비꽃과 흰제비꽃의 중간 형태를 보인다"고 기록되어 있다. 하지만 흰젖제비꽃의 잎은 삼각형 모양에 잎자루에는 날개가 없다는 점에서 위 두 제비꽃과 뚜렷한 차이를 보인다.

◀ 옆꽃잎에는 털이 없고 암술머리
는 짧다. 꽃받침부속체는 사각형으
로 밋밋하거나 얕은 거치가 있기도
하다. 열매는 긴 타원형이고 씨앗은
연한 갈색이다.

흰제비꽃

Viola patrinii Ging.

  종소명 patrinii는 프랑스 식물학자 패트린(E.L.M Patrin)의 이름에서
유래되었다. 흰제비꽃은 꽃색이 희다고 불리는 이름이다.
  꽃은 4월에 피며, 700m 이상의 높은 산에서 주로 자란다.

▶ 흰제비꽃은 참 단정해서 꽃색도, 잎도 과하지 않다. 부케처럼 덩이 진 꽃이야 당연하겠지만 가늘게 핀 한 송이 꽃이 더 이뻐보일 때가 있다.

▲ 가을에 핀 흰제비꽃 중에 꽃자루가 갈색으로 변하고, 꽃잎은 옅은 분홍색이 스며든 개체도 간혹 보인다. 개화기 때는 여리고 긴 타원형이던 잎이 여름에는 크기가 커지면서, 화살촉 모양으로 급격히 변한다.

◀ 옆꽃잎에는 털이 있고 암술머리는 짧은 편이다. 꽃 뿔은 짧고 꽃받침부속체는 반원형으로 밋밋하다. 씨 앗은 갈색이다.

◀ 봄철이 지나면 흰제비꽃은 드라마틱하게 모양을 변화시킨다. 부드럽게 둥근 잎은 거친 창 모양으로 변하고 순백의 꽃은 분홍빛을 띠기도 한다.

흰털제비꽃

Viola hirtipes S.Moore

  종소명 hirtipes는 '털이 많다'는 뜻이다. 우리 이름도 전체에 흰색의 털이 많다는 의미로 지어졌다. 중국에서는 '꽃자루에 털이 많다'라는 의미로 모병근채(毛柄菫菜)라 부른다.

  꽃은 4~5월에 피며, 야산의 햇볕이 잘 드는 나무 아래에서 주로 자란다.

▲ 옆꽃잎에 털이 있고 암술머리는 짧다. 꽃뿔은 긴 편이고 꽃받침부속체는 밋밋하거나 얕은 거치가 있기도 하다. 열매엔 자색 반점이 있고 씨앗은 갈색이다. 꽃이 크고 선명하며 잎이 길쭉하고 곧게 뻗어 강한 느낌을 준다.

▲ 흰털제비꽃은 꽃자루와 잎자루에 난 긴 털이 특징이지만, 전체에 털이 없는 개체도 있다.

◀ 개화기 때 쐐기꼴이던 잎의 모양은 여름이 되면서 삼각형으로 급격히 변해 알아보기가 힘들 정도다.

◀ 잎맥에 붉은 무늬가 있는 것은 별도의 품종(f. *rhodovenia*)으로 분류하기도 한다.

우리 제비꽃을
연구한 학자들

• **Makino** (마키노 도미타로, 牧野富太郎)

1862년 일본 고치현에서 출생, 1957년 사망.

독학으로 1888년부터 《일본식물지도편(日本植物志圖篇)》의 자비출판을 시작하여 총 12권을 펴냄. 식물분류학을 연구하여 1889년 일본 식물에 처음으로 학명을 붙여 신종 1,000여 종, 신·변종 1,500여 종을 발표하였으며 수십만 점의 식물표본을 남김. 1913년 도쿄대학 강사, 1927년 이학박사, 1950년 일본학사원 회원을 역임하였음. 주요 저서로는 《일본식물지도편》, 《대일본 식물지》, 《마키노 식물도감》, 《식물수필》 등이 있음.

• **Nakai** (나카이 다케노신, 中井猛之進)

1882년 기후현에서 출생, 1952년 사망.

도쿄대학 이학부 졸업, 1927년 모교 교수로 부속식물원장을 겸임했으며, 1930년 이학 박사 학위를 취득함.

일제강점기에 조선총독부의 촉탁연구원으로 일하면서(1913~1942) 모두 17회에 걸쳐 한국의 각 지역 식물을 채집하였음. 이 기간 동안 한국의 식물을 정리하고 소개하면서 수많은 한국 자생식물에 그의 성(Nakai)을 딴 학명이 등재되었음. 동아 식물에 관한 연구 논문 500여 편 중 1927년의 《조선삼림식물편》 22집은 그의 가장 뛰어난 업적으로 평가 받고 있음.

• 정태현(鄭台鉉)

1882년 경기도 용인 출생, 1971년 사망.

한국의 식물학자이자 교육자로 전남대와 성균관대 교수로 재직하였고 조선생물학회 회장, 대한민국학술원 회원, 과학기술진흥협회 이사 등을 지냈음. 식물 발견에 있어서 신종 28종을 명명하였고 58종의 미기록종을 보고하였음. 1956년 필생의 업적인 《한국식물도감》을 펴내 학술원상을 받았음.

그 외 저서로는 《한국삼림식물도감》, 《한국동식물도감》 등이 있음.

• 이창복(李昌福)

1919년 맹산(평남)에서 출생, 2003년 사망.

서울대 농대 전신인 수원고등농림학교 임학과를 졸업하고, 평양공립농업학교 교사를 지냄. 1957년 하버드대 대학원을 졸업하고 1963년 서울대에서 농학박사 학위를 받은 뒤 서울대 농대 교수와 문화재위원 등을 지냄.

저서로는 《식물분류학》, 《수목학》 등이 있으며, 《대한식물도감》은 식물학도들에게 교과서처럼 사용되고 있음.

• 이영노(李永魯)

1920년 전북 군산에서 출생, 2008년 사망.

전주사범학교 시절 일본인 교사로부터 식물 관찰도를 잘 그린다는 칭찬을 받은 것이 계기가 되어 식물에 관심을 갖게 되었음. 교사 생활을 그만두고 1953년 서울대 사범대학 생물과에 진학함. 미국 캔자스주립대 석사를 거쳐 일본 도쿄대에서 박사 학위를 받고, 미국과 일본에서 식물 연구를 하였음.

1965년에 이화여대 생물과 교수로 부임한 후 한국식물학회, 식물분류학회, 난협회 회장을 지냄. 식물 연구에 매진해오다 1996년 한국식물연구원 원장으로 부임함. 학명에 자신의 이름을 붙인 식물만 250여 종에 달함. 2006년에는 한반도에 서식하는 거의 모든 식물(197과 4,157종)의 사진과 해설을 기록한 《새로운 한국식물도감》을 출간하였음.

• 이우철(李愚喆)

1939년 충주에서 출생

정태현 박사의 제자로 한국식물분류학회 회장을 지냈으며 강원대 생물학과 교수 및 자연과학대 학장, 강원대학 자연사박물관 관장, 도쿄대 객원교수를 역임하였음. 현재 강원대 생물학과 명예교수로 재직 중임.

국내에서 처음으로 남북한과 중국 옌벤에서 사용

하는 관속 식물의 명칭을 정리하였음. 그는 논문
142편에 10권의 저서를 출간하였는데, 그중 1996
년 식물의 학명, 국명, 이명, 특징 등을 정리한《한
국식물명고》가 대표적임. 또한 5,000종에 가까운
국내 고등식물군의 이름을 이명과 속명 그리고 표
준 명칭을 밝히고 그 기원까지 설명한《한국 식물
명의 유래》가 있음. 그 외《원색한국기준식물도감》,
《한국식물의 고향》,《한반도 관속식물 원기재문》등
을 저술하였음.

경성제비꽃

Viola mongolica Franch.

표준 목록상의 학명 *V. yamatsutae*는 이명이다. 함경북도 경성에서 발견된 데서 우리 이름을 붙였다. 중국명은 학명의 뜻을 그대로 반영하여 몽고근채(蒙古菫菜)라 부른다. *V. yamatsutae*의 일본명은 만슈우히카게스미레(マンシュウヒカゲスミレ)인데, 동강제비꽃(*V. pacifica*)의 일본 이름도 만슈우히카게스미레로 동일한 이름을 쓴다. 이는 경성제비꽃과 동강제비꽃이 동일 종일 가능성이 있다는 의미로 실제로 외형이 매우 유사한 두 종 간의 관계에 대해 추가 연구할 필요가 있다.

민금강제비꽃

Viola diamantiaca f. *glabrior* (Kitag.) Kitag.

금강제비꽃에 비해 잎과 잎줄기에 털이 적거나 없는 것을 말하는데, 금강제비꽃의 이명으로 처리하고 있다.

섬제비꽃

Viola takesimana Nakai

울릉도에서 자생한다고 알려진 제비꽃이다. 수차례 탐사 결과 울릉도에 자생하는 것으로 확인된 제비꽃은 남산제비꽃, 둥근털제비꽃, 뫼제비꽃, 서울제비꽃, 우산제비꽃, 제비꽃, 졸방제비꽃, 콩제비꽃, 큰졸방제비꽃 등 9종뿐이었다. 섬제비꽃의 기록에서 "잎이 낚시제비꽃을 닮았고 줄기가 있다"는 점 등을 볼 때 졸방제비꽃이나 큰졸방제비꽃을 지칭한 것으로 보인다. 실제 영국왕립식물원(KEW, www.kew.org)에서는 섬제비꽃을 졸방제비꽃의 이명으로 처리하고 있다.

털노랑제비꽃

Viola brevistipulata var. *minor* Nakai

종소명 brevistipulata에는 '짧은 탁엽'이란 의미가 있다. 우리나라에서는 함경도 이북에서 발견되었다고 알려져 있으나, 수차례의 백두산 탐사에서도 확인할 수 없었다. 이름만 보면 노랑제비꽃(*V. orientalis*)에 털이 있는 것으로 생각할 수도 있으나, 학명에서 보듯이 노랑제비꽃과는 다른 종이다.

화엄제비꽃

Viola ibukiana Makino

종소명 ibukiana는 일본의 이부키산(伊吹山)에서 발견되어 붙인 학명이며, 우리 이름도 발견된 지역인 구례 화엄사의 지명을 따랐다. 마키노 도미타로(牧野富太郎) 박사는 무늬가 있는 자주잎제비꽃(f. *versicolor*)과 에이잔스미레(*V. eizanensis*) 혹은 길오징이나물(var. *sieboldiana*)의 잡종으로 설명하고 있다. 그러나 화엄사 주변에는 자주잎제비꽃이 자생하지 않는 것으로 확인되었고, 국내에서 무늬가 있는 자주잎제비꽃의 잡종도 확인되지 않고 있다.

흰갑산제비꽃

Viola kapsanensis f. *albiflora* (Nakai) T.B.Lee

흰색 꽃을 피우는 갑산제비꽃을 말한다. 표준 목록에는 이 학명을 비합법명으로 처리하고 있다.

제비꽃

봄날 산길을 걷다가
앙증맞은 꽃을 보았다

첫사랑처럼 화살로 날아와서
심중(心中)에 꽂힌 꽃

보랏빛이 하도 예뻐서
가던 발걸음을 멈추게 하는 꽃

삼월 봄날에만 볼 수 있는
어여쁜 우리제비꽃.

_정성욱

Chapter 2
제비꽃에
반하다

간도제비꽃

Viola dissecta Ledeb.

* 국명 출처: 《한국식물도감》(이영노,1996)

종소명 dissecta는 '잘게 갈라진 모양'을 나타내는 말이다. 잎이 갈라진 모양에서 붙은 학명이다. 우리 이름은 간도 지방에서 발견된 데서 지어졌다.

꽃은 5~6월에 피고, 낮은 산 길가나 양지바른 풀밭에서 주로 자란다.

▲ 옆꽃잎에 털이 있으나 없는 개체도 있고 암술머리는 짧다. 잎은 완전히 갈라진 모양이 일반적이지만, 얕은 결각
만 있는 개체도 있다. 결각을 자세히 보면 남산제비꽃의 잎처럼 열로 크게 나뉜 개체도 있지만, 단순히 깃꼴로 깊
이 갈라진 개체가 많다.

긴꼬리제비꽃

Viola inconspicua Blume 　　*국명 출처: 특이서식지 생물상 조사사업(국립생물자원관, 2011)

　종소명 inconspicua는 '눈에 잘 띄지 않는다'는 뜻이다. 상대적으로 꽃
이나 잎이 작고 여름에도 잎이 커지지 않는 특징에 따라 학명을 붙인 것
으로 보인다. 중국에서는 '꽃받침이 길다'는 뜻의 장악근채(長萼菫菜)라 불
리는데, 우리 이름도 같은 의미이다.

　4월에 꽃이 피고, 인가 주변 양지바른 공터에서 잘 자란다. 외래종으로
우리나라에서는 제주도에서만 확인되었다.

◀ 옆꽃잎에는 털이 있고 꽃받침은 자색이거나 녹색이다. 꽃받침부속체는 밋밋하고 뾰족하다. 열매에는 연한 자색 반점이 있고 씨앗은 갈색이다.

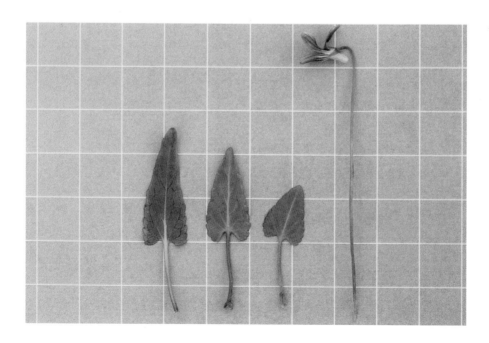

동강제비꽃

Viola pacifica Juz.

* 국명 출처: 전의식 블로그(전의식 외, 2011)

　종소명 pacifica는 '태평양'을 뜻하는 말이다. 동강제비꽃이 태평양 연안을 따라 자생하고 있다 하여 붙여졌다. 우리나라에서는 최초 발견지인 동강의 이름을 붙였다.

　꽃은 늦은 4월에 피며, 동강변과 강원도 일대에서 확인되었다.

◀ 강원도 개체로, 동강변 개체에 비해 전체
적으로 크고 꽃자루와잎 등에 옅은 갈색이
보인다. 동강변 개체는 생육환경의 영향으로
크기가 다소 작고, 꽃자루와 꽃받침이 연한
녹색이다.

◀ 옆꽃잎에 털이 있고 암술머리는 사마귀 머리 모양이다. 꽃자루와 꽃받침은 연한 녹색이거나 연한 자색을 띠기도 한다. 꽃받침부속체에는 불규칙한 거치가 있다. 열매엔 자색 반점이 있고 씨앗은 갈색이다.

▲ 동강변 개체 중에서 바위가 아닌 부근 흙에서 자라는 개체는 강원도개체와 동일하게 키가 크고 갈색이 스며 있다.

안산제비꽃

* 국명 출처:《한국의 제비꽃》(박승천, 2017)

　서울 안산에서 발견된 제비꽃으로 흰털제비꽃과 남산제비꽃의 중간 형태를 보인다. 꽃은 4월에 피고, 열매는 맺지 않는다.

◀ 안산제비꽃(좌)은 옆꽃잎에 털이 많고 암술머리는 짧다. 꽃뿔은 긴 편이고 꽃받침은 자색이다. 안산제비꽃의 잎 모양은 흰털제비꽃(우)과 비슷하나 잎에 결각이 있다.

완산제비꽃

Viola wansanensis Y.N.Lee

＊ 국명 출처:《한국식물학회지》(이영노 외, 2004)

제비꽃과 남산제비꽃의 잡종으로 4~5월에 꽃이 핀다. 계곡의 바위틈이나, 산 입구 길가에 주로 자란다.

◀ 옆꽃잎에는 털이 있고 꽃뿔은 굵고 통통한 모양이다. 꽃받침부속체는 사각형으로 얕은 거치가 있다. 폐쇄화는 피지만 열매는 맺지 않는다.

제주제비꽃

Viola chejuensis Y.Lee & Y.C.Oh　　　* 국명출처: 《한국식물학회지》(이영노 외, 2005)

　털제비꽃과 남산제비꽃의 잡종으로 4~5월에 꽃이 핀다. 제주도를 비롯하여 전국적으로 볼 수 있다.

◀ 옆꽃잎에 털이 있고 암술머리는 사마귀 머리 모양이다. 꽃받침부속체는 길고 불규칙한 거치가 있다.

◀ 폐쇄화는 피지만 열매는 맺지 않는다.

진도제비꽃

Viola × ogawae Nakai

* 국명 출처: 이새별 블로그(이새별, 2010)

  종소명 ogawae는 최초 발견자인 일본의 오가와 요시히로(小川由一) 씨의 이름을 딴 것이다. 자주잎제비꽃과 남산제비꽃(길오징이나물)의 잡종으로 4월에 꽃이 핀다. 무늬가 있는 자주잎제비꽃의 잡종인 화엄제비꽃(*V. ibukiana*)은 잎맥에 옅은 무늬가 있다는 점에서 진도제비꽃과 차이가 있다.

◀ 꽃은 밝은 홍자색이고 옆꽃잎에 털이 있으며 암술머리는 짧다. 꽃받침부속체는 밋밋하다. 잎은 윤기가 나듯 반짝인다.

창덕제비꽃

Viola palatina Y.N.Lee

＊한국식물학회지(이영노 외, 2005)

종소명 palatina는 '궁중에서 직무를 맡아 보는 사람'을 뜻하는 말이다. 창덕제비꽃이 창덕궁에서 처음 발견되어 학명에 쓰인 듯하다.

왜제비꽃과 남산제비꽃의 잡종으로, 꽃은 4월에 피며 전국에 분포하고 있다. 열매는 맺지 않으며, 뿌리에서 부정아가 생겨 번식을 하기도 한다.

◀ 옆꽃잎에 털이 있고 암술머리는 짧다. 꽃받침부속체는 길고 불규칙한 거치가 있다.

▲ 열매는 맺지 않으며, 뿌리에서 부정아가 생겨 번식을 하기도 한다.

창원제비꽃

Viola palmata L.

* 국명 출처: 《한국의 제비꽃》(박승천, 2017)

종소명 palmata는 '손바닥'을 뜻하는 말이다. 잎이 손바닥처럼 갈라진 모양에서 비롯된 학명이다. 우리 이름은 창원 지역에서 발견되어 지어졌다. 외래종으로 최근에는 창원 외 남부 지방 여러 곳에서 발견되고 있다.

꽃은 4월에 피며, 화단이나 길가 틈새에서도 자란다.

▲ 옆꽃잎에 털이 있고 암술머리는 흰색이다. 꽃뿔은 짧고 꽃받침부속체는 짧고 밋밋하다. 열매는 긴 타원형이다.

흰들제비꽃

Viola betonicifolia var. *albescens* (Nakai) F.Maek. & T.Hashim.

＊ 국명 출처: 《한국식물분류학회지》 45권 2호(한경숙 외, 2015)

종소명 betonicifolia는 'betony꽃의 잎'이란 뜻이다. betony란 꽃잎 모양과 닮아 붙여진 이름으로 추정된다. 우리 이름은 '들에서 피는 흰제비 꽃'이란 뜻이다.

꽃은 4~5월에 피며, 이름과 달리 꽃의 색도 다양하다. 장소도 들뿐만 아니라 화단, 공원, 산어귀 등 다양한 곳에서 핀다.

▲ 꽃은 흰색이거나 연한 보라색이다. 옆꽃잎에 털이 있고 암술머리는 짧다. 꽃받침부속체는 짧고 밋밋하다. 씨앗은 연한 갈색이다. 비슷하게 생긴 흰제비꽃은 해발 700m 이상의 고지대에 자라고 흰들제비꽃에 비해 꽃뿔이 짧은 점에서 차이가 난다. 꽃이 지고 나면 둘 다 잎이 화살촉 모양으로 변하지만, 흰제비꽃은 잎자루 날개가 크게 발달한다.

제비꽃 곁에서

나의 사랑은 들꽃과 같았으면 좋겠다
자주자주 새로운 아침과 저녁을 맞이하면서
곱게 지는 법을 아는 풀꽃이었으면 좋겠다
긴 사랑의 끝이 오히려 남루할 때가 있나니
키 낮은 풀꽃 뒤에 숨길 수 없는 큰 몸을 하고
파란 입술의 제비꽃아
나는 얼마나 더 부끄러워하면 되겠느냐
내 탐욕의 발목을 주저앉히는 바람이 일어
깊이 허리 눕히는 풀잎 곁에서
내 쓰러졌다가 허심의 몸으로 일어서야겠다

_김선굉

Chapter 3
제비꽃에
홀리다

광덕제비꽃

　꽃은 4월에 피며, 광명시의 한 야산에서 발견되었다. 꽃과 잎의 모양이 자주알록제비꽃과 왜제비꽃의 중간 형태를 띠고 있다. 폐쇄화는 피나 열매는 맺지 않는다.

◀ 옆꽃잎에 털이 있고 암술머리는 짧다. 꽃받침과 꽃받침부속체, 꽃자루에 짧은 털이 밀생하고 꽃받침부속체는 밋밋하다.

광명제비꽃

꽃은 4월에 피며, 광명시 야산 등산로 주변에서 발견되었다. 잎은 흰젖제비꽃을 닮았으나, 꽃은 제비꽃의 모습을 하고 있다. 폐쇄화는 피나 열매는 맺지 않는다.

▲ 옆꽃잎에 털이 있고 암술머리는 짧다. 꽃뿔은 얇고 짧은 편이며 부속체는 밋밋하다.

수룡제비꽃

　꽃은 4월에 피며, 계곡 주변 산기슭에서 발견되었다. 잎은 알록제비꽃의 무늬에 길쭉하고 결각이 있으며, 꽃은 남산제비꽃과 비슷하다. 폐쇄화는 피나 열매는 맺지 않는다.

▲ 옆꽃잎에 털이 있고 암술머리는 짧다. 꽃받침부속체는 갈색으로 뚜렷한 거치가 있다.

양주제비꽃

　꽃은 4월에 피며, 양주시 야산에서 발견되었다. 꽃은 털제비꽃을 닮고 잎은 태백제비꽃을 닮았다. 폐쇄화는 피나 열매는 맺지 않는다.

▲ 옆꽃잎에 털이 많고 꽃자루에도 털이 있다. 꽃뿔은 긴 편이며 꽃받침부속체는 길고 거치가 있다.

▲ 처음에는 털제비꽃인줄 알았지만 잎의 모양이 달랐다. 몇 년째 관찰한 결과지만 잡종으로 결론을 내리기는 언제나 어렵고 신중해진다.

유일제비꽃

꽃은 4월에 피며, 유일사 인근에서 발견되었다. 전체적인 모양과 크기가 뫼제비꽃과 태백제비꽃의 중간 형태를 띠고 있다. 폐쇄화는 피나 열매는 맺지 않는다.

▲ 옆꽃잎에 털이 있고 암술머리가 발달하여 길고 뾰족하다. 꽃받침부속체는 길고 얕은 거치가 있다.

축령제비꽃

꽃은 4월에 피며, 축령산에서 발견되었다. 꽃과 잎의 무늬는 알록제비꽃의 형태를 하고 있으나, 잎의 모양은 왜제비꽃을 닮았다. 폐쇄화는 피나 열매는 맺지 않는다.

▲ 옆꽃잎에 털이 있고 꽃뿔은 긴 편이다. 꽃받침부속체는 길고 밋밋하다.

충주제비꽃

꽃은 4월에 피며, 충주 근교 계곡 근처에서 발견되었다. 전체적으로 흰색 민둥뫼제비꽃을 닮았고 잎에는 결각이 있다. 폐쇄화는 피나 열매는 맺지 않는다.

◀ 옆꽃잎에 털이 있고 꽃받침부속체는 갈색으로 불규칙한 거치가 있다. 꽃자루와 잎 뒷면에 가는 털이 보인다.

부록

▌제비꽃 외국이름 비교

1	각시제비꽃	Delicate violet	ヒメミヤマスミレ	
2	갑산제비꽃	Gapsan violet	コウザンスミレ	
3	경성제비꽃	Gyeongseong violet	モウコスミレ	蒙古菫菜
4	고깔제비꽃	Conical-leaf violet	アケボノスミレ	辽宁菫菜
5	구름제비꽃	Alpine violet	タカネスミレ	
6	금강제비꽃	Geumgang violet	フキスミレ	大叶菫菜
7	긴잎제비꽃	Long-leaf violet	ナガバタチツボスミレ	
8	낚시제비꽃	Creeping Korean violet	タチツボスミレ	紫花菫菜
9	남산제비꽃	Namsan violet	ナンザンスミレ	南山菫菜
10	넓은잎제비꽃	Wonder violet	イブキスミレ	奇异菫菜
11	노랑제비꽃	Oriental yellow violet	キスミレ	东方菫菜
12	누운제비꽃	Dwarf marsh violet	タニマスミレ	溪菫菜
13	단풍제비꽃	Maple-leaf violet	キクバコマスミレ	菊叶菫菜
14	둥근털제비꽃	Hill violet	エゾアオイスミレ	球果菫菜
15	뫼제비꽃	Great-spur violet	ミヤマスミレ	深山菫菜
16	민금강제비꽃	Glabrous Geumgang violet	マンシュウフキスミレ	
17	민둥뫼제비꽃	Sunny violet	ヒナスミレ	凤凰菫菜
18	민둥제비꽃	Glabrous red-flower violet	オカスミレ	
19	민졸방제비꽃	Glabrous acuminate violet	ケナシエゾノタチツボスミレ	
20	반달콩제비꽃	Semilunar-leaf violet	アギスミレ	
21	사향제비꽃	Musky violet	ニオイタチツボスミレ	
22	삼색제비꽃	Wild violet	サンシキスミレ	三色菫
23	서울제비꽃	Seoul violet	サキガケスミレ	早开菫菜
24	선제비꽃	Erect violet	タチスミレ	立菫菜
25	섬제비꽃	Uleungdo violet	タケシマスミレ	
26	아욱제비꽃	Chinese mallow-leaf violet	アオイスミレ	日本球果菫菜
27	알록제비꽃	Variegated-leaf violet	フイリゲンジスミレ	斑叶菫菜
28	애기금강제비꽃	Dwarf Geumgang violet	ヒメスミレサイシン	
29	애기낚시제비꽃	Small creeping violet	コタチツボスミレ	
30	여뀌잎제비꽃	Persicaria-leaf violet	タデスミレ	
31	엷은잎제비꽃	Thin-leaf violet	ウスバスミレ	
32	왕제비꽃	Big violet	コウライタデスミレ	蓼叶菫菜
33	왜제비꽃	Japanese violet	コスミレ	

34	왜졸방제비꽃	Sakhalin violet	アイヌタチツボスミレ	库页菫菜
35	우산제비꽃	Ulleungdo sweet violet		
36	자주알록제비꽃	Purple variegated-leaf violet	トウゲンジスミレ	细距菫菜
37	자주잎제비꽃	Purle-leaf violet	シハイスミレ	紫背菫菜
38	잔털제비꽃	Short-hair violet	ケマルバスミレ	
39	장백제비꽃	Arctic yellow violet	キバナノコマスミレ	双花菫菜
40	제비꽃	Manchurian violet	スミレ	东北菫菜
41	졸방제비꽃	Long-stem violet	エゾノタチツボスミレ	鸡腿菫菜
42	종지나물	Common blue violet	アメリカスミレサイシン	
43	줄민둥뫼제비꽃		フイリヒナスミレ	
44	콩제비꽃	Hidden violet	ニョイスミレ	如意草
45	큰졸방제비꽃	Northern long-stem violet	オオタチツボスミレ	
46	태백제비꽃	Taebaek violet	コマスミレ	朝鲜菫菜
47	털긴잎제비꽃	Hairy long-leaf violet	ケナガバノタチツボスミレ	
48	털낚시제비꽃	Hairy creeping violet	ケタチツボスミレ	
49	털노랑제비꽃	Hairy yellow violet	ダイセンキスミレ	
50	털제비꽃	Red-flower violet	アカネスミレ	茜菫菜
51	호제비꽃	Field purple-flower violet	ノジスミレ	紫花地丁
52	화엄제비꽃	Hwaeom violet	ヒメキクバスミレ	
53	흰갑산제비꽃	White Gapsan violet	シロバナコウザンスミレ	
54	흰뫼제비꽃	White Selkirk's violet	シロバナミヤマスミレ	
55	흰애기낚시제비꽃	White small creeping violet	シロバナコタチツボスミレ	
56	흰젖제비꽃	Milky-white violet	シロコスミレ	白花菫菜
57	흰제비꽃	White-flower violet	シロスミレ	白花地丁
58	흰털제비꽃	White-hair violet	サクラスミレ	毛柄菫菜
59	간도제비꽃		マンシュウスミレ	裂叶菫菜
60	긴꼬리제비꽃	Long Sepal Violet	ウスイロヒメスミレ	長萼菫菜
61	동강제비꽃		マンシュウヒカゲスミレ,	
62	완산제비꽃			
63	제주제비꽃			
64	진도제비꽃		カツラギスミレ	
65	창덕제비꽃			
66	창원제비꽃	Three-lobed violet	クワガタスミレ	
67	흰들제비꽃		アリアケスミレ	戟叶菫菜

*영어명은 산림청 '한반도 자생식물 영어이름 목록집'에서 발췌

▌종별 학명 지위

	국명	The Plant List / 지위 / 표준 목록 / 비고
1	각시제비꽃	Viola boissieuana Makino / unresolved / 좌동
2	갑산제비꽃	Viola kapsanensis Nakai / unresolved / 좌동
3	경성제비꽃	Viola mongolica Franch. / accepted / Viola yamatsutae Ishid. / V. mongolica Franch.의 이명
4	고깔제비꽃	Viola rossii Hemsl. / accepted / 좌동
5	구름제비꽃	Viola crassa Makino unresolved / 좌동
6	금강제비꽃	Viola diamantiaca Nakai / accepted / 좌동
7	긴잎제비꽃	Viola ovato-oblonga Makino / unresolved / Viola ovato-oblonga (Miq.) Makino
8	낚시제비꽃	Viola grypoceras A.Gray / accepted / 좌동
9	남산제비꽃	Viola chaerophylloides(Regel) W.Becker / accepted / Viola albida var.chaerophylloides(Regel) F.Maek. ex Hara / V. chaerophylloides(Regel) W.Becker의 이명
10	넓은잎제비꽃	Viola mirabilis L. / accepted / 좌동
11	노랑제비꽃	Viola orientalis W.Becker / accepted / Viola orientalis (Maxim.) W.Becker
12	누운제비꽃	Viola epipsiloides Á.Löve & D.Löve / accepted / Viola epipsila Ledeb. / 극동지역의 누운제비꽃은 V.epipsila의 아종(ssp.repens 또는 V.epipsiloides)이다.
13	단풍제비꽃	Viola albida var. takahashii(Nakai) Nakai / accepted / Viola albida f. takahashii (Makino) W.T.Lee / var. takahashii의 이명
14	둥근털제비꽃	Viola collina Besser / accepted / 좌동
15	뫼제비꽃	Viola selkirkii Pursh ex Goldie / accepted / 좌동
16	민금강제비꽃	Viola diamantiaca f. glabrior (Kitag.) Kitag. / synonym / 좌동 / V. diamantiaca Nakai의 이명
17	민동뫼제비꽃	Viola tokubuchiana var. takedana (Makino) F.Maek. / unresolved / 좌동
18	민둥제비꽃	/ / Viola phalacrocarpa f. glaberrima (W.Becker) F.Maek. ex H. Hara
19	민졸방제비꽃	/ / Viola acuminata f. glaberrima (H. Hara) Kitam. / ITIS, V. acuminata Ledeb.의 이명
20	반달콩제비꽃	Viola verecunda var. semilunaris Maxim. / synonym / 좌동 / V. arcuata Blume의 이명
21	사향제비꽃	Viola obtusa (Makino) Makino / accepted / 좌동

22 삼색제비꽃   viola tricolor L. / accepted / 좌동
23 서울제비꽃   Viola prionantha Bunge / accepted /
                    Viola seoulensis Nakai(1918) / 중.일, V. prionantha Bunge(1835)의 이명
24 선제비꽃   Viola raddeana Regel / accepted / 좌동
25 섬제비꽃   Viola takesimana Nakai / unresolved / 좌동 /
                    KEW, V. acuminata의 이명
26 아욱제비꽃   Viola hondoensis W.Becker & H.Boissieu / accepted / 좌동
27 알록제비꽃   Viola variegata Fisch. ex Link / accepted / 좌동
28 애기금강제비꽃 Viola yazawana Makino / unresolved / 좌동
29 애기낚시제비꽃 Viola grypoceras var. exilis (Miq.) Nakai
30 여뀌잎제비꽃   Viola thibaudieri Franch. & Sav. / unresolved / 좌동
31 엷은잎제비꽃   Viola blandiformis Nakai / unresolved /
                    Viola blandaeformis Nakai / IPNI: Viola blandaeformis Nakai
32 왕제비꽃   Viola websteri Hemsl. / accepted / 좌동
33 왜제비꽃   Viola japonica Langsd. ex DC. / accepted / 좌동
34 왜졸방제비꽃   Viola sacchalinensis H.Boissieu / accepted / 좌동
35 우산제비꽃   Viola woosanensis Y.N.Lee & J.Kim / unresolved 좌동
36 자주알록제비꽃 Viola tenuicornis W. Becker / accepted /
                    Viola variegata var.chinensis Bunge / V. tenuicornis W.Becker의 이명
37 자주잎제비꽃   Viola violacea Makino / accepted / 좌동
38 잔털제비꽃   Viola keiskei Miq. / unresolved / 좌동
39 장백제비꽃   Viola biflora L. / accepted / 좌동
40 제비꽃   Viola mandshurica W.Becker / accepted / 좌동
41 졸방제비꽃   Viola acuminata Ledeb. / accepted / 좌동
42 종지나물   Viola sororia Willd. / accepted / Viola papilionacea Pursh /
                    V. sororia(1806), V.papilionacea(1814) USDA, V.sororia의 이명
43 줄민둥뫼제비꽃 / / Viola tokubuchiana var. takedana f. variegata F.Maek.
44 콩제비꽃   Viola arcuata Blume / accepted / Viola verecunda A. Gray /
                    V. arcuata Blume의 이명
45 큰졸방제비꽃   Viola kusanoana Makino / accepted / 좌동
46 태백제비꽃   Viola albida Palib. / accepted / 좌동
47 털긴잎제비꽃   / / Viola ovato-oblonga f. pubescens F.Maek.
48 털낚시제비꽃   Viola grypoceras var. pubescens Nakai / synonym / 좌동 /
                    V. grypoceras A.Gray의 이명
49 털노랑제비꽃   / / Viola brevistipulata var. minor Nakai
50 털제비꽃   Viola phalacrocarpa Maxim. / accepted / 좌동

51 호제비꽃　　　Viola philippica Cav. / accepted / Viola yedoensis Makino /
　　　　　　　　V. philippica Cav.의 이명
52 화엄제비꽃　　Viola ibukiana Makino / unresolved / 좌동
53 흰갑산제비꽃　/ / Viola kapsanensis f. albiflora (Nakai) T.B.Lee
54 흰뫼제비꽃　　Viola selkirkii var. albiflora Nakai / synonym /
　　　　　　　　Viola selkirkii f. albiflora (Nakai) F.Maek. ex H. Hara /
　　　　　　　　TPL학명은 V. selkirkii Pursh ex Goldie의 이명
55 흰애기낚시제비꽃 / / Viola grypoceras var. exilis f. albiflora Nakai
56 흰젖제비꽃　　Viola lactiflora Nakai / accepted / 좌동
57 흰제비꽃　　　Viola patrinii Ging. / accepted / 좌동
58 흰털제비꽃　　Viola hirtipes S.Moore / accepted / 좌동
59 간도제비꽃　　Viola dissecta Ledeb. / accepted / /
　　　　　　　　국생종의 V. dissecta f. pubescens(Regal) Kitag.은 이명임
60 긴꼬리제비꽃　Viola inconsipicua Blume / accepted
61 동강제비꽃　　Viola pacifica Juz. / unresolved
62 완산제비꽃　　Viola wansanensis Y.N.Lee / unresolved
63 제주제비꽃　　Viola chejuensis Y.N.Lee & Y.C.Oh / unresolved
64 진도제비꽃　　Viola × ogawae Nakai / unresolved
65 창덕제비꽃　　Viola palatina Y.N.Lee / unresolved
66 창원제비꽃　　Viola palmata L. / accepted
67 흰들제비꽃　　/ / / V. betonicifolia var. albescens (Nakai) F.Maek. & T.Hashim. (2015년
　　　　　　　　논문)

▎종별 학명 출처

학명 / 국명 / 출처

1 Viola acuminata f. glaberrima (H. Hara) Kitam. / 민졸방제비꽃 / Acta Phytotax. Geobot. 20 : 196 1962

2 Viola acuminata Ledeb. / 졸방제비꽃 / Fl. Ross. 1: 252 252 1842

3 Viola albida var. takahashii (Nakai) Nakai(TPL) / 단풍제비꽃 / Bot. Mag. (Tokyo) 36(424): 84 1922.

4 Viola albida Palib. / 태백제비꽃 / Trudy Imp. S.-Peterburgsk. Bot. Sada 17(1): 30-31 30 1899.

5 Viola arcuata Blume / 콩제비꽃 / Bijdr. Fl. Ned. Ind. 2: 58 58 1825.

6 Viola biflora L. / 장백제비꽃 / Sp. Pl. 2: 936. 1753 [1 May 1753]

7 Viola blandiormis Nakai / 엷은잎제비꽃 / Bull. Soc. Bot. France 72: 192 1925

8 Viola boissieuana Makino / 각시제비꽃 / Bot. Mag. (Tokyo) 16: 127 1902

9 Viola brevistipulata var. minor Nakai / 털노랑제비꽃 / Bot. Mag. (Tokyo) 47 : 260 (1933)

10 Viola chaerophylloides (Regel) W. Becker / 남산제비꽃 / Bull. Herb. Boissier 2, 2 : 856 (1902)

11 Viola collina Besser / 둥근털제비꽃 / Enum. Pl. Volh. 10 1821

12 Viola crassa Makino / 구름제비꽃 / Bot. Mag. (Tokyo) 19: 87 1905

13 Viola diamantiaca f. glabrior (Kitag.) Kitag. / 민금강제비꽃 / Neo-Lineam. Fl. Manshur. 453 1979

14 Viola diamantiaca Nakai / 금강제비꽃 / Bot. Mag. (Tokyo) 33(395): 205-206 205 1919

15 Viola epipsiloides Á.Löve & D.Löve / 누운제비꽃 / Bot. Not. 128: 516 1975 publ. 1976.

16 Viola grypoceras A.Gray / 낚시제비꽃 / Narr. Exped. Amer. Squadron China Seas Japan 2: Append. 308 (1856.)

17 Viola grypoceras var. exilis f. albiflora Nakai / 흰애기낚시제비꽃 / Enum. Spermatophytarum Japon. 3 : 202 (1953)

18 Viola grypoceras var. exilis (Miq.) Nakai / 애기낚시제비꽃 / Bot. Mag. (Tokyo) 36:55. (1922)

19 Viola grypoceras var. pubescens Nakai / 털낚시제비꽃 / Bot. Mag. (Tokyo) 36: 55 (1922)

20 Viola hirtipes S.Moore / 흰털제비꽃 / Linn. Soc., Bot. 17 : 379, t. 16, f. (1879)

21 Viola hondoensis W.Becker & H.Boissieu / 아욱제비꽃 / Bull. Herb. Boissier, sér. 2, 8: 739 1908

22 Viola ibukiana Makino / 화엄제비꽃 / Bot. Mag. (Tokyo) 19: 106 (1905)

23 Viola japonica Langsd. ex DC. / 왜제비꽃 / Prodr. 1: 295 295 1824

24 Viola kapsanensis f. albiflora (Nakai) T.B.Lee / 흰갑산제비꽃 / Ill. Fl. kor. 550

25 Viola kapsanensis Nakai / 갑산제비꽃 / Bot. Mag. (Tokyo) 36 : 35 (1922)

26 Viola keiskei Miq. / 잔털제비꽃 / Ann. Mus. Bot. Lugduno-Batavi 2: 153. 1866

27 Viola kusanoana Makino / 큰졸방제비꽃 / Bot. Mag. (Tokyo) 26: 173. 1912

28 Viola lactiflora Nakai / 흰젖제비꽃 / Bot. Mag. (Tokyo) 28(336): 329 329 1914

29 Viola mandshurica W.Becker / 제비꽃 / Bot. Jahrb. Syst. 54(5, Beibl. 120): 179-180 179 1917

30 Viola mirabilis L. / 넓은잎제비꽃 / Sp. Pl. 2 : 936-936-1753

31 Viola mongolica Franch. / 경성제비꽃 / Pl. David. 1: 42 1884.

32 Viola obtusa (Makino) Makino / 사향제비꽃 / Bot. Mag. (Tokyo) 26: 151 151 1912.

33 Viola orientalis W.Becker / 노랑제비꽃 / Fl. Asiat. Ross. 8: 95 1915.

34 Viola ovato-oblonga Makino / 긴잎제비꽃 / Bot. Mag. (Tokyo) 21: 59 1907.

35 Viola ovato-oblonga f. pubescens F.Maek. / 털긴잎제비꽃 / B. M. T. 36: (57) (1922)

36 Viola sororia Willd. / 종지나물 / Hort. Berol. 1(6): pl. 72 1806.

37 Viola patrinii Ging. / 흰제비꽃 / Prodr. 1: 293 1824

38 Viola phalacrocarpa f. glaberrima (W.Becker) F.Maek. ex H. Hara / 민둥제비꽃 / Enum. Spermatophytarum Japon. 1954

39 Viola phalacrocarpa Maxim. / 털제비꽃 / Mélanges Biol. Bull. Phys.-Math. Acad. Imp. Sci. Saint-Pétersbourg 9: 726 1876

40 Viola philippica Cav. / 호제비꽃 / Icon. 6: 19 1800.

41 Viola prionantha Bunge / 서울제비꽃 / Mém. Sav. Étr. Acad. St. Pétersbourg 2: 82 1835.

42 Viola raddeana Regel / 선제비꽃 / Bull. Soc. Imp. Naturalistes Moscou 34(2): 463, 501 1861.

43 Viola rossii Hemsl. / 고깔제비꽃 / J. Linn. Soc., Bot. 23(152): 54-55 1886

44 Viola sacchalinensis H.Boissieu / 왜졸방제비꽃 / Bull. Soc. Bot. France 57: 188 1910.

45 Viola selkirkii var. albiflora Nakai / 흰뫼제비꽃 / Enum. Spermatophytarum Japon. 3 : 217 (1954)

46 Viola selkirkii Pursh ex Goldie / 뫼제비꽃 / Edinburgh Philos. J. 6 : 324 (1822)

47 Viola takesimana Nakai / 섬제비꽃 / Bot. Mag. (Tokyo) 36 : 34 (1922)

48 Viola thibaudieri Franch. & Sav. / 여뀌잎제비꽃 / Enum. Pl. Jap. 2: 290 1878.

49 Viola tokubuchiana var. takedana f. variegata F.Maek. / 줄민둥뫼제비꽃 / Flora of Korea

50 Viola tokubuchiana var. takedana (Makino) F.Maek. / 민둥뫼제비꽃 / Enum. Spermatoph. Jap. 3: 28 28 1954.

51 viola tricolor L. / 삼색제비꽃 / Sp. Pl. 935 1753

52 Viola variegata Fisch. ex Link / 알록제비꽃 / Enum. Hort. Berol. Alt. 1: 240 1821

53 Viola tenuicornis W. Becker / 자주알록제비꽃 / Beih. Bot. Centralbl. 34(2): 248-250 1916.

54 Viola verecunda var. semilunaris Maxim. / 반달콩제비꽃 / Bull. Acad. Imp. Sci. Saint-Petersbourg 23 : 335 (1877)

55 Viola violacea Makino / 자주잎제비꽃 / Ill. Fl. Japan 1(11): t. 67. 1891

56 Viola websteri Hemsl. / 왕제비꽃 / J. Linn. Soc., Bot. 23(152): 56-57 56 1886

57 Viola woosanensis Y.N.Lee & J.Kim / 우산제비꽃 / Korean J. Pl. Taxon. 28: 30 1998.

58 Viola yazawana Makino / 애기금강제비꽃 / Bot. Mag. (Tokyo) 16: 158 1902.

59 Viola betonicifolia var. albescens (Nakai) F.Maek. & T.Hashim / 흰들제비꽃 / J. Jap. Bot. 43(6): 162 (1968)

60 Viola chejuensis Y.N.Lee & Y.C.Oh / 제주제비꽃 / Bull. Korea Pl. Res. 5: 13 2005

61 Viola dissecta Ledeb. / 간도제비꽃 / Fl. Altaic. 1: 255 1829.

62 Viola inconsipicua Blume / 긴꼬리제비꽃 / Bijdr. Fl. Ned. Ind. 2: 58 58 1825

63 Viola pacifica Juz. / 동강제비꽃 / Fl. URSS 15: 411 1949

64 Viola palatina Y.N.Lee / 창덕제비꽃 / Bull. Korea Pl. Res. 5: 15 2005

65 Viola palmata L. / 창원제비꽃 / Sp. Pl. 2: 933 1753

66 Viola wansanensis Y.N.Lee / 완산제비꽃 / Bull. Korea Pl. Res. 4: 19 2004

67 Viola × ogawae Nakai / 진도제비꽃 / Bot. Mag. (Tokyo) 44: 529 1930.

▌국명으로 찾기

▌학명으로 찾기

Viola

사진으로 읽는
제비꽃의 모든 것

2019년 3월 5일 초판 1쇄 발행
지은이 · 조명환, 배양식, 김영임

펴낸이 · 김상현, 최세현
편집인 · 정법안 | 디자인 · 김지현

마케팅 · 김명래, 권금숙, 양봉호, 임지윤, 최의범, 조히라, 유미정
경영지원 · 김현우, 강신우 | 해외기획 · 우정민
펴낸곳 · 마음서재 | 출판신고 · 2006년 9월 25일 제406-2006-000210호
주소 · 경기도 파주시 회동길 174 파주출판도시
전화 · 031-960-4800 | 팩스 · 031-960-4806 | 이메일 · info@smpk.kr

ⓒ 조명환, 배양식, 김영임(저작권자와 맺은 특약에 따라 검인을 생략합니다)
ISBN 978-89-6570-768-4 (03480)

• 이 책은 저작권법에 따라 보호받는 저작물이므로 무단전재와 무단복제를 금지하며,
이 책 내용의 전부 또는 일부를 이용하려면 반드시 저작권자와 ㈜쌤앤파커스의
서면동의를 받아야 합니다.
• 이 책의 국립중앙도서관 출판시도서목록은 서지정보유통지원시스템 홈페이지
(http://seoji.nl.go.kr)와 국가자료공동목록시스템(http://www.nl.go.kr/kolisnet)에서
이용하실 수 있습니다.(CIP제어번호:CIP2019004881)
• 잘못된 책은 구입하신 서점에서 바꿔드립니다.   • 책값은 뒤표지에 있습니다.
• 마음서재는 ㈜쌤앤파커스의 브랜드입니다.

쌤앤파커스(Sam&Parkers)는 독자 여러분의 책에 관한 아이디어와 원고 투고를 설레는 마음으로 기다리고
있습니다. 책으로 엮기를 원하는 아이디어가 있으신 분은 이메일 book@smpk.kr로 간단한 개요와 취지, 연
락처 등을 보내주세요. 머뭇거리지 말고 문을 두드리세요. 길이 열립니다.